抹茶食光

就爱那抹绿

肥丁 著

中国轻工业出版社

目录

Part **1**

遇见抹茶

抹茶特有的甘醇、芳香与微苦，
每一口都让舌尖留香，
感受深厚茶韵回旋不已的深邃魅力，
那一抹绿，总让人魂牵梦萦，
心甘情愿成为它的俘虏。

细致精密的抹茶工艺

抹茶不是磨碎的绿茶粉，而是经过特殊工艺得到的，其制作过程复杂，细腻而矜贵，每一克都十分珍贵。我一直喜欢尝试古法自制食材，了解抹茶工艺后对其肃然起敬。

抹茶和绿茶的原料都是"绿茶"，但制作方法不同，如下：

绿茶的除青基本步骤为：采收→萎凋→炒青→揉捻→干燥→焙火
抹茶的除青基本步骤为：采收→加湿→蒸青→干燥→切碎→研磨

抹茶使用每年第一次采收的春茶制作，经过冬季的休养生息，品质最好。采收前 20~30 天，茶园上方需要覆盖遮阳，通过渐进式遮蔽阳光，隔绝阳光减少光合作用，使茶叶的茶氨酸增加，茶氨酸是味道中最复杂的鲜味来源之一，所以茶道级抹茶有一种类似海苔的鲜味，甘甜不苦涩，叶绿素多就会呈明亮的翠绿色。

抹茶没有炒青和揉捻的步骤，手择新叶后以高温蒸汽杀青。绿茶的炒青方法成本较低，快速，但茶叶易变黑，营养也易流失。抹茶的蒸青方法成本较高，儿茶素等茶叶成分不易流失，更能保存茶叶天然鲜绿的颜色。干燥后去除梗、粗叶和叶脉，留下精华的嫩叶。为了避免产生热量，影响品质，蒸煮烘干后的原叶碾茶，必须以慢速磨成粉末，茶粉便可避免涩味的出现，保留甘、甜、鲜，色泽鲜亮均匀。一台石臼一小时仅能磨 40克，粒径2~20微米，细致到能深入指纹，这是判断研磨品质的标准，从采收到抹茶制成，剩下不到十分之一，手择石臼研磨的高级抹茶售价昂贵是有原因的。

寻找正宗日本抹茶，要追溯产地及品牌。日本正宗的抹茶主要用于茶道，一般餐厅或抹茶加工食品，不会使用正宗抹茶，吃过正宗高级抹茶的朋友，去连锁店买抹茶食品可能都要失望了。抹茶苦的印象，来自等级较低的抹茶，或每年第 3~4 次采收后经过揉捻、碎屑等制成的抹茶。由于石磨产量低，生产成本太高，无法满足随着时代发展加工抹茶产品的需求，出现了代替石磨的现代化生产机器，例如气流粉碎机和球磨机，但是质量无法与石磨相比。

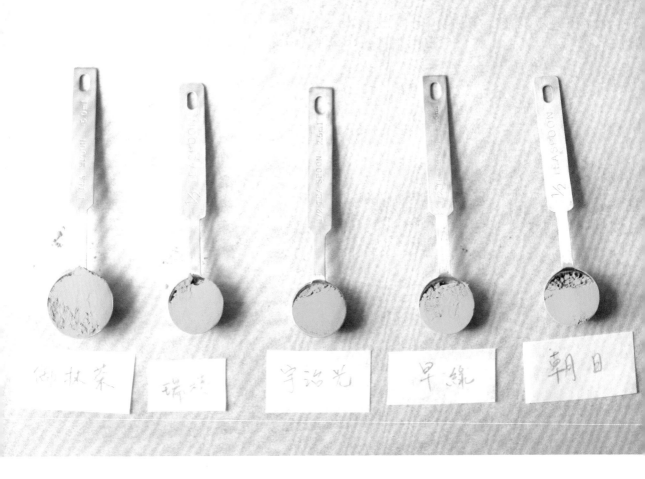

品尝多样化的抹茶风味，
首先需要适合的抹茶粉

　　抹茶根据茶叶的产地、树龄、栽培、制作过程及生产商等，区分不同的级别。很多朋友因为第一次品尝的是低等级抹茶，被苦涩味劝退，或使用不适合的抹茶种类，得不到预期的效果。但是这么多品类到底该如何挑选？开始制作之前也无法逐一尝试，可以根据以下的建议挑选抹茶。

制作饮料

　　制作饮料要求食材组合相对简单，抹茶入口的味道非常鲜明，用作冲泡浓茶专用的茶道级抹茶，本身就适合冲泡饮用，即使泡得极浓，也没有刺激的杂味，我在本书中用的"朝日"或"早绿"，香气浓郁圆润，茶韵深，苦味少，尾韵甘甜，鲜绿的色泽会让饮品颜色非常"吸睛"，不需要过多糖去中和味道。降低一些标准，可选薄茶专用的"宇治光"，口味适合喜欢苦味多一点的朋友。

烘焙程度低的甜点

　　如冰淇淋、生巧克力，可以选用冲泡薄茶专用的茶道级抹茶，我在本书中选用"宇治光"，涩度低，鲜度高，茶的鲜香与淡苦平衡得恰到好处。书中的全植物冰淇淋配方，混合"早绿"和"宇治光"，取"早绿"的浓绿色，与"宇治光"温润的苦味，配合得天衣无缝。

高温烘焙的甜点

　　制作高温烘焙的甜点时一般不使用高等级的抹茶，因为高温不但会把抹茶的甘香蒸发，也会一并破坏抹茶里的叶绿素，使得颜色变暗或发黄，如果高温下还能维持鲜绿色，就要小心其中是否加入添加物。制作面包或料理，抹茶比例不能太大，茶的香气会被面粉等食材稀释减弱，可选择价格较实惠如"瑞穗"，涩味、草味、苦味较明显，加热后也较能保持抹茶的浓郁风味。

　　作为一名抹茶爱好者，观色泽，闻香气，品茶韵，是品鉴抹茶的基础，每个人对口味的喜好跟品质定位是不一致的，其中的细微变化，还需自己体验，当然也得根据成本去挑选。不同的品牌与品类可以混合使用，搭配出自己习惯和喜欢的风味。

抹茶的脾气，你了解吗？

抹茶不溶于水，需要依靠外力把粉末打散，悬浮水中，时间长会沉淀。抹茶粉在冷水中不容易散开，可使用微温的热水。

抹茶由生茶叶去除约九成水分，再研磨成粉末，容易吸收空气中的湿气，受潮结块，使用前必须用网目细致的工具过筛，否则会吃到结块的抹茶，影响口感和味道。

抹茶粉末由于太过细致，与其他食材混合时，容易搅拌不均匀，把抹茶粉分成数份，少量多次过筛加入食材里，待搅拌均匀后再加入剩下的抹茶粉，结块成颗粒状的情况可得以改善。

抹茶粉加入蛋液或鲜奶油中打发，会产生黏度和弹性，打发时手感跟平常不一样。

抹茶容易氧化，取出后色泽和风味会迅速产生变化，为了保留抹茶最好的风味，建议每次都新做，存放时间一久，色、香、味会大量损失。

天然无添加的抹茶粉，遇到 80℃以上的高温热水，其中的叶绿素会被破坏，大约半小时，颜色就会变淡变黄。加热除了损耗抹茶的颜色和风味外，营养也会流失，建议尽量不使用加热的方式制作。制订合理的食材混合顺序，以获得最佳品尝的效果。

仔细称量，即使相差只有几克，非常少的用量变化，成品的味道都会有显著不同。使用的抹茶粉等级不同，用量也必须有所调整。

如何称量抹茶

将抹茶粉轻轻刮平后的1小匙约重1.5克、1大匙约少于5克，使用量勺，较为方便。配方中如果注明重量，一定要使用电子秤称量。液体食材则用量勺或量杯。

1小匙 = 5毫升
1大匙 = 15毫升

如何保存抹茶粉？

越新鲜的抹茶风味越好，抹茶氧化速度快，风味也会随时间流逝下降，与酿酒相反，不会越陈越香。

抹茶的保存期限不长，需留意盒底的标示，未开封的保鲜期为5~8个月，开封后最好在1~2个月用完。

抹茶易吸湿气、吸味道，比其他茶叶更害怕高温、潮湿与日照直射，十分娇贵。开封后要挤出袋中空气，放在遮光的密封罐内，以免照到阳光褪色，并盖紧或封好封条。冬天放在阴凉通风处；潮湿炎热的天气，则冷藏或冷冻保存。从冰箱取出后不要立即开封，先放置室温下，等恢复常温状态再打开。

仔细规划需要使用抹茶的分量，取出后要尽快密封，避免长时间接触光和空气，过筛后未用完的抹茶粉，不要倒回原来的罐里，以免影响未取出来的抹茶。

购买时不要选择透明塑胶袋的分装品，分装过程接触光和空气极容易使抹茶受潮，影响品质。

Part 2

以茶入馔　抹茶料理

以韵味独特的抹茶入食，
可以是主味，也能引味，
在此介绍能轻松品尝其色泽及香气的
料理食谱，
将抹茶融入日常生活中。

满满抹茶味，咸甜都对味

　　我国宋朝时期，荣西禅师将茶树种子与抹茶制法引进日本，茶树种子赠予明惠上人栽种于日本宇治各地，开启了日本的茶叶栽种与茶道。在荣西的著作《吃茶养生记》中记载，他为受到宿醉之苦的源实朝奉上抹茶解酒，强调抹茶养生的功效。

　　如今抹茶已成为饮食界的宠儿，被列入"超级食物"的一员，正因为抹茶的特殊制法，能保存大部分有益健康的营养成分，例如儿茶素、氨基酸、维生素C、维生素E等，其茶多酚也比冲泡茶中的高，抗氧化物质含量也比绿茶粉更多。茶多酚不但具有保健的功能，同时也是形成茶叶色、香、味的主要成分之一。

　　饮用抹茶就等同于利用了整块茶叶的营养，有益于控制体重，抗癌，预防糖尿病和心血管疾病等。不过以上的好处仅限于纯饮抹茶，不包括增加了碳水化合物和脂肪的抹茶甜品，所以勿认为食用抹茶食品可减肥，便放纵自己多吃以精制淀粉及糖为主的抹茶点心。

　　随着抹茶被更多人认识和喜爱，抹茶从茶道文化传承技艺到走入日常饮食里，品尝抹茶有了更多的可塑性，除了制作各种甜点，还能制作很多不一样的美食，这些美食将在后面的各个章节分享给大家！

抹茶荞麦面

—— 卷起衣袖一起做，让麦香和茶香治愈你 ——

荞麦面营养丰富，对降低血脂有一定的效果。在荞麦面的基础上加入抹茶，茶香和荞麦香相互交融，不蘸酱汁慢嚼，有茶香的清新和尾韵，无论冷食、温食都适合，把品尝抹茶提升到另一个层次。

材料

荞麦面

荞麦粉......................................70克

抹茶粉（宇治光）..............10克

中筋面粉..............................40克

中筋面粉（装进撒粉罐）......30克

冷水.................150毫升 + 3大匙

玉米淀粉（粟粉）..............30克

（撒面皮上用于表面防粘）

蘸酱

酿造酱油........................1大匙

味淋................................1大匙

黑醋................................1小匙

清水................................1大匙

米酒................................1大匙

小体会

荞麦没有麸质，不会产生面筋，最难掌控吸水量。配方中的面条弹性较高，中筋面粉与荞麦粉 1 : 1 的面团比较适合家庭制作。抹茶含有天然茶碱，虽然没有一般制面中使用的碱水强，但可使面条更有弹性。

制面机擀面

混合所有中筋面粉、荞麦粉、抹茶粉，用手以转圈方式混合均匀，加入 50% 的水，不同品牌的荞麦粉，吸水差异大，水不要一次全放，随时灵活调整。

TIPS
使用制面机时，中筋面粉不需要保留，可以全部加入。

用画圈的方式揉搓面团，形成颗粒状，慢慢加入剩下的水，集合成面团块，用手掌抓紧面团黏在一起，荞麦粉与水混合后松散，面团手感轻而软绵，不硬实。

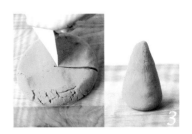

面团揉到三光，即面光、手光、碗光，面筋形成，变成团状，揉成锥形，由中央部分从上向下压平成圆饼，用刮板分割成3等份，未用的面团用保鲜膜或湿布盖好防止变干，取一份面团，揉成锥形，压扁。

工作台上撒少许中筋面粉，以手掌沿外侧绕圆按压，用擀面棍推开，左右折成3折。

TIPS
由于荞麦没有筋性，较容易粘连，擀面时撒入面粉，可以防粘。

制面机的刻度调整到最厚，将面团送进制面机加工成薄片，刚开始面饼边缘凹凸不平，将面皮对折，反复压延，让面饼得到充分揉压，重复 10 次。需要韧劲和弹性强一点，可重复 20 ～ 30 次，弹性会更好。

在压延的过程中，面皮变得光滑，劲道，有韧性。

逐步调整制面机的刻度，从 7（最厚）调到 6，一手摇动手柄开始压薄面皮，另一手接住面皮，面皮变得越来越长，每次擀薄后撒上少许玉米淀粉，最后把制面机调到厚度5。

最后切成细面条，荞麦面弹性较差，容易折断，不用剪裁面皮，用制面机切成细面。出面时用手接住面条，防止面条互相粘连，否则面条容易互相缠绕、断裂。

面条做好后撒少许玉米淀粉防粘，制面机切的面条大小均匀，略方形的面体有棱角，口感更鲜明。

手工擀面

1

预留30克中筋面粉，重复前文步骤4的动作，每次擀薄时撒少许中筋面粉，直至撒粉罐的面粉用完，重复约20次，面皮呈现表面光滑，边缘平滑，不再凹凸不平。

TIPS
通过反复对折、擀压能使面团组织更细致，结构更紧密，做出来的面条更爽口。

2

面皮前后撒上玉米淀粉，擀成厚薄一致的长方形，前后叠成 3 折，用刀切成细面。

TIPS
玉米淀粉不会混合面皮产生筋性，具有更好的防粘效果。

煮面

1

水滚后，荞麦面下锅，转小火煮 1 分钟，让面条散开，防止粘连。

2

捞出后立刻放入冰水中，洗去黏性，沥干。

3

混合蘸酱的所有材料，新鲜荞麦面有天然醇香，第一口不蘸汁直接咀嚼，品味抹茶荞麦清爽的香气。酱汁蘸到面条的 1/3，不盖过荞麦本身的香气。

小建议

好吃的荞麦面一定要选对荞麦粉，黄金荞麦是荞麦中的顶级品种，闻起来像小麦，尝起来却有荞麦特有的沉厚香味，回甘不苦涩，与抹茶相得益彰。

樱花抹茶寿司

—— 抹茶惊喜压轴登场 ——

　　樱花盛开时花繁艳丽，满树烂漫。美到极致的樱花寿司，主角是粉红色的浪漫醋饭，抹茶也心甘情愿地作配角。粉红饭团以日式梅干调味，梅干有强烈酸咸味，与饭团是经典组合。花瓣卷用红火龙果粉染色，天然无人工色素，如粉色花朵娇艳欲滴地绽放，令人陶醉。

材料 (可做16个)

寿司海苔 8片

寿司饭
粳米 350克
煮饭用清水 250毫升

寿司醋
古法酿造米醋.............................60毫升
赤砂糖 4大匙
海盐 1/8小匙

粉红色寿司醋饭
煮熟的寿司饭 460克
寿司醋 ....2大匙＋1小匙

日式梅干 2颗
红火龙果粉 1/4小匙

浓缩红火龙果汁
红火龙果粉 1小匙
清水 1大匙

抹茶寿司醋饭
煮熟的寿司饭 200克
（剩下的饭，不用太精准）
寿司醋.............................1大匙＋1小匙
白芝麻 1小匙
菜心茎.............................50克
抹茶粉（瑞穗）.............................1小匙

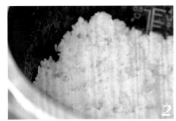

用电子秤精确测量米的重量。洗米2~3次，第1次冲水后，立刻把水倒掉，第2、3次用手轻轻搅拌，不要用双手搓洗，会造成米粒断裂，影响寿司口感，只要洗去米粒表面的杂质即可，最后将洗米水倒掉。

用新的清水煮寿司饭，轻柔地将米倒入电饭锅中，制作醋饭的水量要比平常煮饭少，使米粒稍硬，若电饭锅没有自动寿司模式，先泡米20~30分钟，让米充分吸收水分后，再进行烹调。

调配寿司醋，酿造米醋加入赤砂糖及盐，小火煮至糖盐全部溶化，搅拌可帮助快速溶化，不能大火，也不需煮沸，否则醋香流失。放凉备用。

预备寿司饭配料：菜心洗干净，绿叶颜色太深，配色不好看，只取茎部。水沸后烫1~2分钟，切末；梅干剁成泥。

取需要调色用的饭量，剩下的饭留在电饭锅里保温。粉色醋饭制作花瓣卷，米饭加入梅干、红火龙果粉，趁饭温热，淋寿司醋，米饭在温度高时，较易吸收醋香，让醋先渗透到饭中，再拨松。

TIPS
用饭勺以"切、拌"拨开米饭，米粒不会散掉，米饭不会过黏，冷却后醋饭保持粒粒分明，色泽油亮。

抹茶醋饭，米饭加入白芝麻、寿司醋及料理用抹茶，抹茶使用前必须过筛。

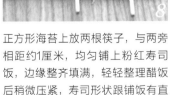

剪裁寿司海苔：取第1片海苔对折剪开，再对折，剪成4份正方形；取第2片海苔，对折剪开，得到1片长方形海苔，剩下的一半对折，剪成1片正方形、5条细长形。

TIPS
只取出需要的海苔数量，剩下的留在包装袋里，否则会很快受潮变软卷曲。

正方形海苔上放两根筷子，与两旁相距约1厘米，均匀铺上粉红寿司饭，边缘整齐填满，轻轻整理醋饭后稍微压紧，寿司形状跟铺饭有直接关系。

寿司饭的两旁擦浓缩红火龙果汁，制作花蕊渐层色的效果。

在寿司饭的左边放上一条裁好的细长形海苔，从外到内对折，用力压紧寿司饭，手指蘸醋液，推压头尾松散的寿司饭后，裁去多出的海苔，5个花瓣卷即完成。

TIPS
做好形状再修剪，寿司比较不容易散开。

保鲜膜铺在竹帘上，长度为竹帘的2倍。一手拿起竹帘，形成凹槽，排入花瓣卷，摆成花形。

在两个花瓣的隙缝整齐填入抹茶醋饭，花瓣卷上方不要盖醋饭，否则5瓣形状不均匀，花形不美，每完成一处用手轻压整形，竹帘连同保鲜膜一起卷，边卷边用竹帘压紧寿司整形，之后切开便不会松散。

打开保鲜膜（或保鲜纸），饭勺压紧头尾后，用长方形的海苔包裹，再次用竹帘卷起来。

切寿司时，先从外侧开始，最后一刀，由于外侧结构比较松散，把它转过来，用手抓住卷得紧的内侧，切开，寿司形状就不会散掉。

TIPS
1. 可用饼干模量出寿司预计切段的位置，便可切出同样的宽度。
2. 刀刃蘸点水，每切一次都要泡水，擦去黏在刀刃上的米，每次下刀前蘸湿刀刃，若希望切口漂亮，就不能嫌麻烦。

小建议

①寿司饭要用粳米，粳米是稻米的一种。东北大米、珍珠米、蓬莱米、越光米都属于粳米。粳米肥厚圆短，柔软，黏性较强。很适合做寿司、熬粥。

②红火龙果粉可购买或自制。干燥的粉末，方便调整颜色深浅，不影响醋饭的味道。

抹茶泡饭

—— 米饭和茶，朴实无华的生活点缀 ——

　　抹茶泡饭特别适合天气热而食欲不振的炎夏，用自制的室温蔬菜高汤泡抹茶，冷泡的方法能保留抹茶中较多的儿茶素与茶多酚，降低苦味，凸显抹茶所带来的清香，为食材带来入口回甘的口感。

小体会

配菜是家中常见的食材，白饭加入糙米和藜麦，是抚慰人心的健康轻食。抹茶泡饭里的一抹青涩，如平淡生活中的涟漪。无论什么情景，作为一天的收尾餐点，印证了这句话：人生没有什么烦恼是一顿饭解决不了的，如果有，那就来两顿！

材料（可做2人份）

寿司米或短米 150克	腌黄萝卜 .... 适量
胚芽糙米 50克	芦笋 2根
三色藜麦 20克	香菇 1朵
清水 115毫升	小黄瓜（小青瓜）............... 半根
蔬菜高汤 300毫升	紫苏梅干 2颗
（可以自制或买市售的）	
盐 1/8小匙	**鸡蛋调味料**
抹茶（早绿）..................... 2 小匙	海盐 .... 1/8 小匙
	赤砂糖或罗汉果代糖 ....1 小匙
配菜	现磨白胡椒粉 .... 少许
鸡蛋 1颗	

藜麦、糙米及白米洗净后，搅拌均匀，水分可较平时煮饭减少一点，增加米粒硬度。米饭煮熟后，舀入碗中。

TIPS
米饭不要煮太软，因为茶泡饭随后会加入抹茶。太软的米饭浸泡于茶水容易成糊状。

鸡蛋加入海盐、糖及白胡椒粉调味，打散，倒入平底锅，煎成薄蛋块，放凉后切丝。

小黄瓜去皮，刨丝。腌黄萝卜切丝，加入紫苏梅干增加风味，佐料也可搭配喜欢的食材，这里使用煎香的芦笋、香菇 。

小黄瓜、腌黄萝卜丝、紫苏梅干及蛋丝伴着米饭排好在碗中。

抹茶筛入蔬菜高汤，加入盐及白胡椒粉，用电动奶泡器打散，泡 10 分钟，使茶香的味道更突显，才不至于被白饭及佐料味道覆盖。

加入切碎的香菇，抹茶蔬菜高汤倒入米饭里即可享用。

抹茶蔬食咖喱

—— 温润的绿色滋味 ——

　　以茶入馔，茶叶不仅能给料理带来独特的香气，还能解油腻。龙井虾仁、茶叶蛋、茶泡饭耳熟能详。当咖喱遇上抹茶，又是怎样的滋味呢？我做了较甜的日式咖喱砖，正好中和抹茶深邃甘苦的味道，配上热腾腾的白饭，咖喱飘出茶香，温和而有韵味，碰撞出了奇妙的火花。

材料（可做2人份）

抹茶咖喱

洋葱.....................1个，约160克
胡萝卜.....................1根，约130克
红薯.....................2小根
玉米笋.....................3根
秋葵.....................3根
蘑菇.....................3颗
日式咖喱块.............2块（70克）
椰子水.....................60毫升
枫糖浆.....................30毫升

抹茶

抹茶粉（瑞穗）....................10克
冷水.....................200毫升

洋葱去皮，切小块；秋葵去蒂，切丁；玉米笋切丁；胡萝卜去皮，滚刀切丁；红薯去皮，切小块，泡在水中防止氧化变黑。

蘑菇不要水洗，否则蘑菇的香气会流失很多，用湿的厨房纸巾擦干净表面，蘑菇切厚片。

抹茶粉过筛加入冷水，用电动奶泡器打散，放入冰箱备用。

平底锅放少许油，加入切片蘑菇、少许岩盐，小火炒香，蘑菇尽量铺平在锅面，炒至飘出香气，轻微收缩，即可起锅。

TIPS
炒蘑菇不要翻拌太多次，先把一面煎香，再翻另一面，更能锁住蘑菇的香气。

不用洗锅，接着放入洋葱炒香，取出一半的洋葱。

加入胡萝卜、玉米笋和红薯，炒至红薯表面微焦，加盖焖 3~4 分钟，直至胡萝卜变软为止。

蘑菇回锅，放入咖喱块，加入椰子水溶化咖喱块，翻炒至咖喱黏附在食材表面。

加入枫糖浆，翻炒一下。

最后加入抹茶，搅拌均匀，起锅，拌饭一起食用。

抹茶玉子烧

　　你对蛋和抹茶的组合，还停留在做蛋糕与松饼吗？抹茶除了甜点，还可以做咸食！抹茶粉不加入蛋液里可以避开高温加热流失茶香，直接撒在多汁松软滑嫩的玉子烧表面，滋味独特。在原味玉子烧的基础上加入蔬菜丁，营养更丰富。

小体会

建议选用高级浓茶系的抹茶粉，例如，朝日抹茶的香气无与伦比，清新不苦涩。

材料

玉子烧

鸡蛋	190克（4颗）
罗汉果代糖或赤砂糖	2小匙

（喜欢甜玉子烧可再加1小匙）

酱油	2小匙
现磨白胡椒粉	少许
鲣鱼昆布高汤	40毫升

抹茶（撒玉子烧表面）

抹茶粉（朝日或早绿）	1/4小匙

鲣鱼昆布高汤

鲣鱼片	20克
昆布（约5厘米×5厘米）	2块
清水	1100毫升

蔬菜组合随意

红甜椒	100克
小黄瓜	100克

用凉水浸泡鲣鱼片和昆布，放入冰箱冷藏一夜。次日，泡过的水连同鲣鱼片和昆布，倒入锅里加热，煮至沸腾，水沸后煮10分钟，用网筛过滤，鲣鱼高汤即完成。

TIPS
未用完的高汤，倒入干净的玻璃罐，冰箱可存放 2 ～ 3 天。

鸡蛋放入量杯里，方便倒出蛋液，加入罗汉果代糖、酿造酱油、现磨白胡椒粉、鲣鱼昆布高汤。

红甜椒切细丁炒香；小黄瓜切薄片，再切细丁。将甜椒丁、小黄瓜丁一同放入调味好的蛋液里。

用筷子打开，从左右或前后，来回轻轻划动，尽量不要打发出气泡，蛋白、蛋黄不用完全混合，这样煎出来口感才滑嫩。

选择不粘玉子烧锅，不需要放很多油。

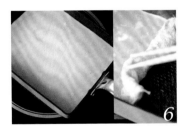

转中火至大火加热，倒入一层薄蛋液，静置加热至半熟，转小火，注意边缘熟得较快，边缘离锅就可以卷起来。

TIPS
不用等全熟，蛋太熟会无法黏合。

7

8

9

倒入第二层蛋液，倾斜烧锅，蛋卷向下推，掀起让蛋汁流向底部，摇晃，使蛋液均匀分布。蛋卷变厚时，用筷子翻卷，难度会增加，若翻卷失败，不美观，可再放回锅中，半熟的蛋液稍后会再度黏合起来。

TIPS
若蛋液膨胀，戳破即可。

卷起后等一下再卷，涂油。倒入第三层蛋液，用平面的木铲比较容易操作。

每次倒入蛋液后倾斜烧锅，可让蛋液分阶段煮熟，剩下的蛋液再摇晃，均匀滑满烧锅，当接触锅底的蛋液已经凝固，上面的蛋液还是半熟的状态，卷起来就可以黏合，蛋卷里面不会出现空隙。

10

11

12

若锅太热，开始卷之后把火力转小一点，不要让蛋熟得太快，4颗鸡蛋可以做六层。

最后一层，推压至锅边定形，离火，趁热放在竹帘上定形，也可以用保鲜膜或铝箔纸。

轻轻用手加压竹帘，刚出锅的蛋卷里，半熟的蛋液还可能在流动，静置5~10分钟冷却，冷却后切开。

13

撒上抹茶粉。

抹茶芝麻沙拉

—— 清新脱俗的全蔬轻食 ——

　　蔬菜的清甜与微甘的茶韵在口腔内蔓延，两者巧妙融合成崭新口感，搭配煎至外酥内软的豆腐，丰富了口感，而油菜与抹茶结合的鲜绿色，令人惊艳但又不感到负担，充满蔬菜田园气息！

小体会

　　使用高级抹茶调和出创意沙拉酱，配方里的每种蔬菜，各自扮演重要的角色，各种材料比例搭配适当，味道就能和谐融合，不会互相冲突，以味道复杂的蔬菜高汤点睛，芝麻酱增稠，完全不会清淡寡味。

材料

沙拉酱

油菜叶	180克
洋葱	40克
胡萝卜	10克
马铃薯	40克
苦茶油或橄榄油	1大匙
蔬菜高汤	210毫升
芝麻酱	1大匙
白胡椒粉	适量
海盐	1/8小匙
味淋	3大匙
抹茶粉（瑞穗）	2小匙
米醋	2大匙

香煎豆腐

豆腐	300克
木薯粉	2大匙

沙拉食材

综合沙拉菜（罗马莴苣、菠菜或你喜欢的菜）

番茄、樱桃番茄、黑胡椒粉

自制沙拉酱

1　油菜用细流水冲洗10分钟，只取菜叶部分。

2　洋葱、胡萝卜、马铃薯去皮，切块。

3　锅里加少许油，洋葱、胡萝卜、马铃薯下锅炒软后，放入油菜叶，转中大火炒软，再放入自制的蔬菜高汤。

4　转小火，煮至沸腾。

倒入果汁机或料理机搅打，加入味淋、芝麻酱，撒盐或胡椒调味。

搅打成绵密顺滑的蔬菜泥，筛入抹茶粉，搅拌均匀，最后加入米醋，抹茶沙拉酱完成。

沙拉酱可放入干净消毒的玻璃罐，冷藏保存1周，冷冻保存1个月。

香煎豆腐

豆腐切小块，放入煮沸的水中烫5分钟，起锅备用。

烫好的豆腐每一面蘸上木薯粉，静置约10分钟，让豆腐的水分吸收木薯粉。

油锅烧热，放入少许油，将豆腐的每一面煎至金黄。

组合成沙拉

盘中放入罗马莴苣、香煎豆腐、番茄等食材，淋上抹茶沙拉酱，撒上些许黑胡椒粉，翻拌均匀即可。

抹茶燕麦木糠布丁

—— 渐层式的治愈感 ——

选用燕麦、酸奶等低脂食材，富含膳食纤维，还有饱腹感。用这道料理作为充满活力的早餐或下午茶吧。

　　葡式甜点木糠布丁，一层加糖打发的鲜奶油和一层饼干碎，舀一小匙吃下去，鲜奶油和饼干结合起来，香软中带着酥脆的口感，软硬结合恰当，可是热量较高。

　　有一天做谷物麦片时得到启发，试着把烤过的燕麦和炒香的糙米粉碎，口感极像饼干碎。再以希腊式酸奶取代鲜奶油，加入火龙果增加天然甜味。视觉上层层叠叠、绿意盎然，十分治愈。

材料（可做 4 杯，每杯300毫升）

谷物麦片		其他	
燕麦片	200克	糙米	50克
杏仁薄片	60克	希腊式酸奶	400克
枫糖浆	60毫升	火龙果	240克
米糠油	2大匙	抹茶粉（宇治光）见P.41步骤4	
海盐	1/4小匙		

谷物麦片

均匀混合谷物麦片的材料，静置10分钟，预热烤箱150℃。

平铺在烘焙纸上，送进烤箱，150℃烤10分钟，打开烤箱门疏散水汽。

130℃，再烤5分钟，变成金黄色。

燕麦木糠布丁

加入糙米，用料理机打成粉末，称量每一层的重量（由下至上）：

· 第一层30克
· 第二、三、四层各20克
· 顶层10克

火龙果切成四份，在果肉上切格子，不用切断果皮，从边缘削下果肉，放入保鲜袋，密封，铺平，放入冰箱冷冻室急冻成冰。

火龙果用料理机打成冰沙。

称量酸奶的重量，按不同的比例加入火龙果冰沙，从最浅色开始搅拌，调出三种渐层深浅不同的颜色，拌匀后，放进冰箱冷藏备用。

- 白色层100克酸奶
- 浅绿色20克火龙果沙冰+95克酸奶+1/8小匙 抹茶粉
- 粉绿色40克火龙果沙冰+75克酸奶+1/2小匙 抹茶粉
- 深绿色145克火龙果沙冰+40克酸奶+1小匙 抹茶粉

开始装杯，底部放入第一层谷物粉（30克），摇晃使平均分布，用汤匙轻轻压紧谷物粉，水平线更漂亮。

放入希腊式酸奶，用小刮刀轻轻推向杯壁，酸奶不要粘到杯壁的其他位置，若粘到杯壁，用蘸湿的厨房纸巾擦干净，分层才清晰。

依序放入一层谷物粉（20克），一层浅绿色火龙果酸奶，一层谷物粉（20克），粉绿色火龙果酸奶，一层谷物粉（20克），深绿色火龙果酸奶。

最后撒上薄薄一层谷物粉（10克），用汤匙均匀压平，再用厨房纸巾擦拭干净杯缘。

冷藏1小时，希腊式酸奶会硬一点，口感更像传统的木糠布丁。

小教室

希腊式酸奶在脱脂过程中除去了部分乳糖，其脂肪、糖及碳水化合物含量相对较低，黏性更好，稠度介于酸奶和芝士之间，比传统酸奶浓稠，不会被谷物粉快速吸收水分而塌下。

抹茶渐层吐司

—— 那一抹小清新的迷恋 ——

渐层色抹茶吐司，抹茶浓度层层渐进，慢慢品尝不同浓度的茶香，加入蜜渍芸豆，为抹茶青涩添加一点甜。

小体会

全植物配方的面包没有鸡蛋、奶油和牛奶，口感容易干硬。利用糊化煮熟的"汤种"锁住面团大量的水分，使面包放两三天都不会变硬。汤种面团黏手，对于喜欢手揉或家里没有揉面团机器的朋友操作起来较为困难。可以结合"汤种"和"水合法"，帮助解决面团伸展不佳和保湿的问题。

材料

汤种

高筋面粉	25克
清水	100毫升

主面团

高筋面粉	340克
赤砂糖	20克
豆浆炼乳	20克
温水30℃	150毫升
耐高糖速发酵母	5克
盐	1/4小匙

冷压初榨橄榄油	2小匙

天然色素粉末

红火龙果粉	1小匙
抹茶粉（奥绿）	1小匙
抹茶粉（奥绿）	4小匙

馅料

蜜渍芸豆或蜜渍
红豆（见P.94） 50克

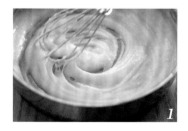

制作汤种：高筋面粉混合温水，搅拌至面粉溶化，中火加热，搅拌到有点黏手的半透明状态，用温度计测量面糊到达65℃，立刻起锅，冷却备用。

TIPS
注意避免加热过度，使面糊变硬。

以温水溶解赤砂糖，搅拌均匀溶化成糖水。

高筋面粉加入豆浆炼乳、糖水，搅拌成面屑状。加入汤种，搅拌均匀，使面屑慢慢吸收汤种。

※豆浆炼乳做法见"宇治金时刨冰"配方

4

混合揉搓到面团集中成一团，没有干粉即可，盖上保鲜膜，放进冰箱静置60分钟。淀粉在高温下容易老化，水合的过程最好低温进行。从冰箱取出面团，面粉的蛋白质和水结合，不用揉搓便能形成面筋。之后再揉面团，面筋网络会更强更有力。

小教室

　　水合法经常被运用于欧式面包或免揉包的制作。面粉里的蛋白质不溶于水，但淀粉溶于水。水合法利用面粉成分里水溶性的差异，让面团内部成分"互相排挤"，不溶于水的物质聚在一起，只要时间够长，就能形成面包的骨架"面筋网络"。有了水合法的帮助，面筋自然形成，跳过了刚开始搓汤种面团时，面粉和水极度黏手的阶段，加以适量的揉搓，薄膜就可以轻易形成。

5

轻轻拉开面团，放入速发酵母，揉进面团里。再拉开面团，加盐，轻轻揉搓。甩打面团约10次。

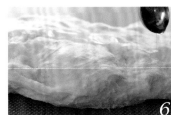

6

最后把油轻抹在面团表面，静置5~10分钟，让面团吸收，再揉搓一会儿，面团表面很快就会光滑。

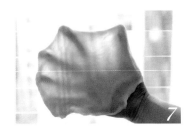

7

盖湿布放进冰箱静置约10分钟，切一小块，轻轻延展面团，确认面筋形成薄膜。若不想手揉，可用面包机搅拌模式揉面约10分钟，搅打后连同揉面桶放进冰箱，静置约10分钟。面团醒发后，更容易撑起薄膜，薄膜穿破的边缘是光滑的，也不黏手，这样的面团，可做出弹性松软的面包。

8

取染色用的天然色素粉末，红火龙果粉及抹茶粉，备用。

9

把面团分割面团成3等份，用电子秤仔细称量，每份用手滚圆，为了让面团发酵速度一致，未处理的面团盖湿布，放进冰箱冷藏。

10

取一份面团。拉开成薄片状，撒上红火龙果粉，卷起面团，揉搓均匀即可，滚圆后朝下紧捏收口，放回冰箱冷藏。

TIPS
加入天然色素粉末时不要喷水，否则面团十分黏手，较难揉搓均匀。

11

取出两个白面团，制作抹茶面团。拉开面团，分别撒上不同比例的抹茶粉，使抹茶粉均匀布满面团，尽量避免粉末四散。抹茶粉在使用前要过筛。

12

卷起面团，轻轻揉搓，让面团均匀染色，并滚圆。如有面包机，手揉跟面包机可同时进行，节省时间。

13

取抹茶面团，用擀面棍擀开后，卷起来，收口，用手指轻压排出多余的空气，以擀面棍纵向延展。

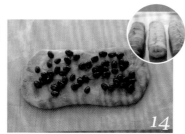

14

取红火龙果面团，铺上蜜渍红豆，不要铺太满，面团会形成大洞，依相同方法，完成三色面团。

15

将面团放进吐司模排好，放入蒸烤炉40℃，发酵约1小时，若烤箱无蒸汽功能，可先预热至40℃后关掉电源，放一杯热水进去，再放入面团后关上烤箱门，进行二次发酵。

16

面团发酵至模具的8分满。从烤箱取出面团，预热烤箱至170°C，放入面团，以170°C烤30分钟，天然色素不耐高温，烤箱的温度不能过高。

17

烘烤完成后，移到网架上散热冷却30分钟，放凉后切片才漂亮，隔夜的汤种面包，仍然松软有弹性。

抹茶玫瑰汤种馒头

—— 美到不忍心吃掉 ——

很多人好奇为什么春天是属于抹茶的，因为春季第一次采收的茶叶是最甘甜的，新鲜制成的抹茶越早食用风味越好。从春天的抹茶得到了灵感，面粉里撒入抹茶粉和紫薯粉，调制出清新脱俗的色调，除了造型美观，还有淡淡茶香，馒头也能吃出清新雅致的意境。

小体会

馒头放凉或过夜后易变硬，美味程度大减。用65℃汤种法，在面团里加入熟面糊，锁住大量的水分，提高面团的持水量，使面团气泡细化。结果使馒头绵软，组织更有弹性，由于保湿时间得以延长，放上两三天，加热或冷着食用，都绵密柔软。

材料（可做28个）

汤种
中筋面粉	50克
无糖豆浆	260克

面团
中筋面粉	600克
赤砂糖	30克
速发酵母	3克
无糖豆浆	160克
油	10克

调色
抹茶粉（宇治光）	2小匙
紫薯粉	2小匙

纯素

制作汤种：无糖豆浆混合中筋面粉，轻轻搅拌至面粉完全溶化，放入平底锅，小火加热，慢慢搅拌，锅底的面糊开始黏稠，加速搅拌成均匀的面糊，面糊到达65℃，离火，放入碗里，紧贴一层保鲜膜，放进冰箱冷藏过夜。

无糖豆浆加入赤砂糖，搅拌均匀至糖完全溶化，加入速发酵母、油及中筋面粉，用刮刀搅拌成面屑状，加入汤种，揉成粗糙的面团。

将面团分割成4份，完成的面团放入保鲜袋，未用的面团放进冰箱冷藏备用。

制作4种颜色的面团，面团可以双手揉搓，或用面包机搅拌。为了加快揉面的速度，手揉白色面团，另一边用面包机揉紫色面团，面团揉搓至表面光滑。紫色面团放进冰箱冷藏。

· 白色面团 315克
· 紫色面团 315克+2小匙紫薯粉

抹茶粉过筛，按比例分别加入两个面团里，面团包裹抹茶粉，揉合均匀，手揉和面包机揉面同步进行，面团放入保鲜袋放进冰箱冷藏。

· 浅绿色面团 210克 1/2小匙抹茶粉
· 深绿色面团 210克+1$^1/_2$小匙抹茶粉

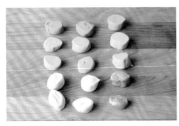

每种颜色的面团滚成圆条状，用大头针戳破大气泡，切割成等量的小面团，捏圆，放入保鲜袋，放入冰箱冷冻（0℃以下），1~2小时完成整形，面团不会结冰。

· 白色面团分成21份
· 紫色面团分成21份
· 浅绿色面团分成14份
· 深绿色面团分成14份

从冰箱取出小面团：三白，一浅绿，一深绿。取一个白色面团，切割一小份搓成橄榄形状，做花心，其余面团压扁，擀成约10厘米（手掌大小）的薄圆形面皮，边缘擀薄一点，花形更好看。

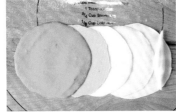

依序叠起薄圆形面皮：白、白、白、浅绿、深绿。将橄榄形面团放在白色的一端，从白色面皮包裹橄榄形面团，开始往上卷起，对半切开。

馒头放在烘焙纸上，捏塑玫瑰的底部，固定在烘焙纸上，调整花形与桌面呈垂直90°，发酵后比较不容易变形。轻轻推开花瓣，花形更漂亮，切去花托部分多余的面团。

每个玫瑰花馒头整形需要时间，为了统一发酵时间，将整形完的馒头排好放在食物盒里，放进冰箱冷藏。紫色馒头的做法同步骤7~9，只需面团从三白改成三紫即可。

所有馒头完成后，排好放在蒸笼里，每个保留一些距离，放进蒸烤炉30℃发酵20分钟，进行第二次发酵。或蒸笼内放滚水，盖好，发酵20分钟。馒头拿起来，手感轻盈就可以开始蒸了。

▲发酵完成，体积明显变大

使用蒸烤炉：从预热开始计时蒸10分钟，有些蒸烤炉预热需要6~7分钟，设定100℃蒸3分钟，蒸熟了不要立即打开门，用布卡着门，留一小缝慢慢释放蒸汽，避免馒头的温度急速变化，产生皱皮，10分钟后再取出。

使用蒸笼：倒掉锅里的水，再加入滚水煮至沸腾，放入蒸笼，用布包着锅盖防止水气倒流，中大火蒸10分钟，熄火，不要立即打开锅盖，锅盖稍微掀开一小缝，待5~10分钟后再完全打开。

小建议

由于面团含有酵母，每片玫瑰花面团擀薄后，卷起来时容易产生气泡。此时，只要将未使用的面团急冻，使酵母休眠就不会产生气泡，在1~2小时完成整形即可。如果面团结冰，需放到冷藏室解冻。若发现馒头表面有气泡，可用针刺穿气泡，蒸好的面团一样光滑。

Part 3

冷热都好喝　抹茶饮品

抹茶清新茶香中略带微苦的风味，
正是许多人着迷于那抹翠绿的原因，
在此精选抹茶经典风味＆人气款饮品，
道道甘醇深邃，值得抹茶爱好者细细品尝！

抹茶的刷泡方法

　　如今层出不穷的抹茶饮料，离不开热泡或冷泡，各有风味和优点。热泡会引出儿茶素的苦味，释放更多咖啡因成分，茶味浓郁，香气和苦味较明显，也容易刷出茶沫，热的抹茶饮品要尽快品尝，否则会很快氧化，影响颜色和风味。

　　冷水浸泡，茶叶中溶出的茶单宁、咖啡因等苦味物质较少，帮助抹茶释出甜味的氨基酸，苦味比较少，茶汤甘醇甜美，减少对肠胃的刺激，适合对单宁比较敏感，容易失眠的朋友。冷泡可延缓抹茶氧化，冷藏 12 小时后，颜色还是很鲜绿。

　　刷泡的抹茶，软水最能表现茶的原味，水质硬度越高，儿茶素越难释放。软水是矿物质较少的水，例如蒸馏水、纯净水、矿物质少的自来水都适合泡茶，对茶汤风味影响较小，矿泉水就没那么合适了。

热泡抹茶·手工点茶

茶碗放入大碗里，倒入刚刚煮沸的水，至淹过茶碗。若用新的茶筅，穗头泡在热水里，茶筅穗头泡开后拿走，倒掉开水。

将沸水倒入另一个容器，温度会稍微下降一点，反复两次后，水温大约呈80℃，用较低温的水冲泡能带出抹茶的鲜味，用煮沸的水则会把更多涩味泡出来。

茶碗里筛入抹茶，沿着碗壁缓缓倒入降温的热开水。

用茶筅混合抹茶与热开水，直至没有粉粒，茶筅不要碰触到碗底。

再加大动作，从碗底开始搅拌晃动，将抹茶汤刷出气泡，刷出泡沫是为了降低苦涩，凸显茶叶的甘甜。

TIPS
刷茶的要点在于握住茶筅，不过度用力地刷出泡沫。

冷热泡抹茶·用电动奶泡器点茶

在日常生活中轻松享用抹茶，使用电动奶泡器是简单又便利的方法，很快就能打起密密麻麻的细泡，增添口感风味。

选有盖的宽口瓶，方便抹茶过筛。

冷泡

热泡

倒入一半的凉开水，用电动奶泡器快速均匀地打出细腻的泡沫，再加入剩下的凉开水、冰块，盖好。

倒入70~80℃的热水，电动奶泡器放入水中1~2厘米，启动，搅打至泡沫出现，即可享受美味的抹茶。

放入冰箱，冷藏 2~ 4小时，让抹茶的香气充分渗透，24 小时内饮用完毕。

糙米抹茶

—— 茶香和米香交融，心旷神怡 ——

养胃利肠的糙米和抗氧化养生的抹茶结合，抹茶清香和炒米焦香交融，清香优雅。肠胃因美食胀气时，喝一杯不加糖的糙米抹茶，可帮助消化；冬天在外吹冷风回家，喝一杯热泡糙米茶暖身；在夏天炎热的季节里，喝冷泡糙米茶，清凉止渴。

小体会

糙米又称玄米，糙米是稻米脱壳后的米，保留粗糙的外层，属于全谷类食物，拥有完整的稻米营养。糙米泡茶后，微量元素和矿物质更容易被人体吸收，有独特的隽永幽香，喝过一次就爱上。

材料（可做2杯）

糙米 2大匙
沸水 400毫升

热泡
抹茶粉（早绿／朝日）............ 2克
80℃热水 100毫升

冷泡
抹茶粉（早绿／朝日）............ 2克
凉开水 300毫升
冰块 50克

热糙米抹茶

预备热泡的抹茶100毫升。

保温瓶放入糙米，冲入沸水，加盖闷1~2小时，糙米熟了会开花，闻到米香，糙米茶即泡好。

抹茶混合糙米茶，不加糖更健康。

冷泡糙米茶

1 预备冷泡抹茶350毫升。
2 糙米茶倒出放凉，加入冷泡抹茶，喜欢甜的，可加入蜂蜜或枫糖浆享用。

自制炒米

1 糙米用清水淘洗干净，放入网筛沥干水分。

2 铁锅里不放油，先用中火烘干水气，再用小火慢慢炒至干松，炒米粒要恰到好处，米壳微微开花即可，可以听到米粒爆开的声音。米粒炒得不透，香味较差，炒得过老，米粒炭化，产生焦煳气容易上火。

3 放在网筛上摊凉，凉透后装密封玻璃罐防潮，可保存半年以上。

抹茶甘酒

—— 多了一种大人感的成熟余韵 ——

　　甘酒加入茶道级的高级抹茶，酒香茶香协调起舞，带有颗粒感的甘酒，在咀嚼间能尝到如白米咬久后散发的甘甜，醇润且余韵绵绵，从舌尖到喉韵衬托抹茶回甘，每一口的滋味简单且纯粹。

甘酒的原理与甜酒酿相似，味道也很相似，但是甘酒的酒精含量一般少于1%，被视为"营养补给圣品"，日本在传统新年寺庙祭拜时喝热甘酒，不只身体温暖，心情也明亮起来。夏天放入冰箱冷藏，又冰又清甜，消暑舒畅。

材料（可做2杯）

抹茶粉（早绿／朝日）............5克
热水（80℃）....30毫升（第1次）
甘酒..................................3大匙
热水（80℃）................170毫升
（冲调甘酒）

1

抹茶粉加入30毫升热水搅拌15秒，彻底将抹茶打散成浓茶，刷到表面有浓厚的淡绿色泡沫。

2

甘酒混合开水，加入抹茶，即可享用。

自制甘酒

1　糯米冲洗一下，不要用力淘擦，保留淀粉质。用网筛沥干水分，不要抖动。

2　加入新的清水，用料理机打成米浆，比起煮成烂粥，打成米浆淀粉质更容易被分解，出糖更多。

3　小火加热，煮熟成米糊，多搅拌，别让淀粉质沉底粘锅，3~4分钟煮熟，呈现很浓稠不流动的状态时，离火，搅拌放凉。

4　降温至60℃，把结块的米曲捏碎，分2次拌入米糊，搅拌均匀，很快就会看到气泡浮起来，发酵温度保持在50~60℃，发酵6~8小时。有些蒸烤炉有发酵保温的功能，也可用恒温电器，如电锅、酸奶机等。

5　糯米的淀粉质被分解成糖分，浓稠的米糊转化成稀释的液体，完成发酵后，尝起来甜味浓郁，像甜酒酿但没有酒味，就成功了。

6　小火加热10分钟，温度超过70℃，把米曲霉杀死，停止发酵。没有高温煮过的甘酒，若放入冰箱仍然低温持续发酵，几天后便会变酸并产生酒味。

7　放凉，倒入玻璃瓶保存，冰箱可存放约1个月。

材料

圆糯米 200克
米曲 200克
清水 500毫升

渐层抹茶咖啡

　　现刷的抹茶与鲜奶做出颜色分明的层次，让人不舍搅拌。用吸管吸一口，首先感受咖啡的浓郁，将整个味蕾全部唤醒，再轻轻搅拌，咖啡、牛奶、抹茶稍微混合，更为顺口。当咖啡香气还停留在口腔里，舌尖传来微微甘苦的抹茶回韵，再多的烦恼也被抛诸脑后。

小体会

由于抹茶是茶叶使用石臼磨成很细的粉末，并不会溶于水，饮品静置一段时间后，便会如雪般飘飘沉落于底。抹茶是主角，咖啡种类按自己喜好选择，方便的挂耳式滴漏咖啡包也是不错的选择。

材料（可做350毫升）

抹茶粉（宇治光）（80℃）..............................1小匙
热水（80℃）..60毫升
牛奶／豆浆／椰奶 80毫升
冰块..60克
挂耳式滴漏咖啡包 1个
沸水...150毫升
转化糖浆 2大匙

沸水冲泡挂耳式滴漏咖啡包，泡5~10分钟，拿走滤袋，加入转化糖浆，搅拌均匀。

加入冰块，用汤匙缓慢加入喜欢的奶类，避免过快混合在一起。糖浆改变咖啡的浓度，密度增加，没加糖的牛奶密度小，可会浮在咖啡上面，做出漂亮的分层。

缓慢加入冷泡抹茶，有些人喜欢倒在汤匙背，选择适合的方法即可。只要不搅动，分层可维持一段时间。

自制转化糖浆

1 赤砂糖加水，煮滚后以最小火慢煮约半小时，尽可能不要搅拌，摇晃一下锅，防止赤砂糖沉淀锅底煮焦。

2 糖水加热后，水分蒸发，使蔗糖水解，分解成果糖和葡萄糖，糖水浓度越来越高。加入柠檬汁（果酸）帮助糖转化，防止反砂结晶，轻轻搅拌一下。

3 汤匙能划出痕迹，就是适合冲调饮料的稠度，用赤砂糖制作的糖浆含有甘蔗的清香，比白砂糖制作的味道更好，转化糖浆可存放室温2~3年。

材料

赤砂糖.............................100克
柠檬汁..............................1小匙
清水.............................100毫升

小教室

赤砂糖是甘蔗汁挥发水分后剩余的晶状体，是炼糖第一次结晶，然后切碎，没有二氧化硫漂白，含有甘蔗的清香，冲调咖啡的味道非常棒。

抹茶芝士奶盖

—— 一口浓抹茶，一口浓密绵密 ——

冲泡好茶，初心不变，勇敢跳出传统，原来抹茶与芝士可以有这样的默契，在抹茶上方盖一顶雪白的"帽子"，香醇浓郁的抹茶降低奶类的甜腻度，喝起来十分清爽。每次都让人纠结要先喝上面的泡沫奶盖，还是先喝下面的浓郁抹茶。

在动物性鲜奶油基底下，加入帕玛森芝士，使奶盖的口感更丰富。枫糖浆独特的醇厚香气，仿佛给了它新生命，使奶盖风味更上一层楼。

材料（可做2杯，每杯250毫升）

奶油奶酪 30克	盐 1/8小匙
刨成细丝状的帕玛森	冰块 120克
芝士 2小匙	冷水 300毫升
枫糖浆 30克	抹茶（宇治光） 2小匙
鲜奶油 60克	
牛奶 100克	

帕玛森芝士、奶油奶酪、枫糖浆、盐放入小锅里，小火加热至约40℃，轻轻搅拌。

待奶油奶酪软化，无须等到完全融化，只要变成小粒块，便可以离火。

用电动奶泡器，打发约1分钟，送进冰箱冷藏约10分钟，如果需要泡沫更细腻，从冰箱取出后，可再搅拌一次。

杯里倒入冷泡抹茶，加入冰块，最后倒入起泡的芝士奶盖即完成。

蝶豆花柠檬抹茶

—— 星空梦幻的解渴情怀 ——

两大热门食材蝶豆花和抹茶携手，北极光冷色系让人暑气全消。蝶豆花茶淋上柠檬汁后变成紫色，衬托出紫绿渐层的优雅，酸甜的口感就是夏天专属的味道，抹茶味道柔和，当口中柠檬酸味消失后，留下的是淡淡的抹茶尾韵。

小体会

蝶豆花茶本身没有特别的味道，加入用赤砂糖做的转化糖浆，还带有一点甜甘蔗香气。

材料（可做400毫升）

蝶豆干花 .... 15 朵
沸水 250毫升
柠檬汁 .... 1 小匙

冷泡抹茶
抹茶粉（早绿）............... 1 小匙
冷水 150毫升
转化糖浆 ....2 大匙

1

蝶豆干花放入茶筛里，加入热水冲泡约10分钟。

2

加入转化糖浆，由于转化糖浆有柠檬的酸性，加入后便会变为紫色。

3

加入柠檬汁和冰块，可变为粉红色。最后加入冷泡抹茶，即可享用。

小建议

由于蝶豆花有收缩子宫与抗凝血作用的成分，因此生理期或孕妇不适合饮用。

抹茶果昔

—— 快手营养美味的一抹绿 ——

即使忙起来，早餐也不能马虎，一早起来，还有什么比只需花 5 分钟的营养果昔更省时？抹茶、羽衣甘蓝增加色彩浓度，青苹果、菠萝让果昔充满甜蜜，榛果酱提供健康的脂肪，螺旋藻粉中 60%~70%为蛋白质，也富含铁元素，使人精力更充沛，同时增强身体抵抗力。

纯素

材料

羽衣甘蓝 50克
青苹果...50克
菠萝 70克
自制榛果酱或其他坚果酱.......................1 大匙
薄切姜片 1片
螺旋藻粉 1/2小匙
（选择性加入）
清水 200毫升
抹茶（宇治光）.............................. 1小匙

羽衣甘蓝放在流水中洗净，煮一锅沸水，放入羽衣甘蓝氽烫约 30 秒，沥干。

青苹果、菠萝切丁，姜片去皮。

所有食材放入果汁机里打成绵密的果昔即可。

抹茶粉圆豆浆

——软糯弹牙，疗愈解压——

    抹茶粉圆从黑糖珍珠变化而来，粉圆煮熟后再加入糖水里煮成糖浆，部分淀粉质会溶在糖浆里，形成黏稠的抹茶糖液，浆挂在杯壁上，撞入豆浆，便会出现浓绿色的斑纹，视觉效果惊艳，全素食的朋友可以用豆浆或坚果植物奶取代鲜牛奶。

    抹茶粉圆需要高温加热煮熟，最后淋上的浓抹茶，选色泽鲜亮的宇治光，与豆奶香交织出诱人的茶韵。

珍珠粉圆用大吸管吸入口中，充分咀嚼。据说"咀嚼"这个动作，让脑中的血流量增加，可以刺激脑部额叶的活动，提升思考力，还可以解压。

材料

纯素

抹茶粉圆

（可做150克）

抹茶粉（瑞穗）	1小匙
木薯粉	70克
马铃薯淀粉	30克
海藻糖	2小匙
（不加糖可以省略）	
沸水	100毫升

抹茶粉圆豆浆

（可做1杯）

海藻糖	40克

清水	150克
抹茶粉（宇治光）	1小匙
未煮熟的抹茶粉圆	100克
无糖豆浆	350毫升

浓抹茶

抹茶粉（宇治光）	1小匙
热水（80℃）	80毫升

椰糖／黑糖粉圆

（可做260克）

木薯粉	140克

马铃薯淀粉	20克
椰糖或黑糖	40克
沸水	100毫升

椰糖／黑糖粉圆鲜奶

（可做1杯）

椰糖或黑糖	40克
清水	150克
未煮熟的椰糖/黑糖粉圆	100克
鲜牛奶	300毫升

抹茶粉圆

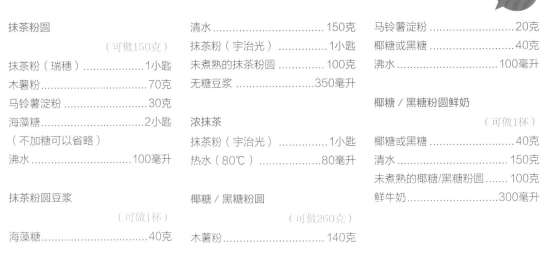

1 木薯粉平均分成两份，其中一份加入马铃薯淀粉及抹茶粉，拌匀。

2 沸水加入海藻糖煮至沸腾后，继续大火煮约1分钟。海藻糖水逐次倒入混合抹茶的木薯粉，一边搅拌，一边倒入，快速搅拌成浓稠的糊状，搅拌至没有粉粒，很黏稠。

3 另一份木薯粉和马铃薯淀粉加入烫熟的面糊里，搅拌成雪花状的面屑，刮下粘在碗边和碗底的淀粉。

4 面屑经过搅拌后稍降温，用手揉压温热的面屑，搓揉至碗和手没有干粉的光滑面团，多揉几下，粉圆的嚼劲会更好。

5 滚圆面团，按扁，用擀面杖推开成长方形，切成颗粒大小一样的方丁，搓圆比较费时，若不在意形状，维持方丁就可以，注意粉圆煮熟后会膨胀，体积比原来大一点。

TIPS
未处理的面团不用撕开，用湿布盖好保温保湿，温暖的面团会保持黏软，容易塑形，动作要快一点，若冷却后变干硬容易裂开，可喷水缓解。

饭碗里放入粉圆和少许马铃薯淀粉，盖上另一个饭碗，摇晃一下，粉圆便不会粘在一起。

煮一锅沸水，水沸后加入粉圆，下锅后立即搅拌，大火煮至沸腾，转至中火煮约 5 分钟。粉圆浮起来，转至最小火，加盖煮 20～25 分钟，大粉圆煮熟的时间要长一点，焖至完全变成晶莹剔透。

TIPS
粉圆膨胀后会吸收很多水分，准备大一点的锅和足够的水分。

抹茶粉圆豆浆

小锅里加入海藻糖和清水，搅拌一下让糖溶化，大火加热，煮至沸腾后加入煮熟的抹茶粉圆，大火熬煮约10分钟。

TIPS
煮的时间依据炉具的火力，以及锅的大小厚度调整，刚开始时水分多，偶尔搅拌避免粉圆粘底。

粉圆表面的淀粉质开始溶在水里，水分蒸发变成浓糖浆，多搅拌，并观察糖浆的稠度，糖浆可以挂在锅壁，刮出划痕，就可以离火。

浓稠的糖浆包裹着粉圆，倒入杯里，筛入抹茶粉，搅拌均匀，倾侧旋转杯子，使糖浆挂在杯壁上。

一定要冷却后，再加入冰过的无糖豆浆，以免抹茶斑纹很快溶化，无法长时间挂在杯壁上，饮用时搅拌均匀即可。

小建议

1 煮熟的粉圆淀粉质会持续老化，在常温放太久或冷藏都会变硬，所以吃多少，煮多少。

2 没有下锅煮的生粉圆，放入保鲜袋里，冷冻保存3个月至半年。

3 好吃的粉圆要选对淀粉，粉圆的主要材料是木薯粉，纯木薯粉口感太软糯，加入马铃薯淀粉，嚼劲会更好。购买时一定要注意原材料表，查看淀粉是由哪种植物提炼。由于粉圆熬煮糖浆后会变硬，所以木薯粉和马铃薯淀粉比例跟一般的粉圆是不同的。

4 由不同植物提炼的淀粉，吸水率不同，烹调后表现有差异。不同厂商出品的粗细度、吸水度也有区别，配方中的液体分量根据不同品牌需做适当调整。

Part *4*

冰爽夏日　沁凉甜点

似火的骄阳，难以忍受，
此时享用一碗清凉又爽口的抹茶冰品，
一入口，暑气全消，
只留下抹茶淡淡的回甘余韵。

特浓抹茶冰淇淋和冰棒

　　蒸红薯搭配冷冻火龙果和香蕉，谁也不抢谁的风头。抹茶选用早绿，甘香少苦涩味，带着抹茶迷人的尾韵，浓郁回甘。以夏威夷果坚果酱取代牛奶，其丰富的油脂比其他坚果酱顺滑，也不会掩盖抹茶香气，口感不输鸡蛋奶油冰淇淋。可用料理机在短时间内把冷冻的食材打成绵密的状态，事半功倍，口感更佳。冰淇淋糊倒入冰棒模，即成抹茶冰棒。

以全素食材制作抹茶冰淇淋，食材本身不能有独特味道，否则会盖过抹茶的香气。豆腐虽然没有甜味，但有强烈的黄豆味，以及微微干涩的口感；腰果风味过于饱满，质感较硬实；牛油果容易氧化变黑；椰奶风味过强，不能与抹茶和谐共处。经过多次尝试，终于找到味道平衡的配方。

容器：搪瓷珐琅盒11.5厘米×19厘米×7.5厘米，容量1030毫升
可做1升冰淇淋或 8~10 根冰棒，每根100毫升

材料

纯素

抹茶冰淇淋

白肉火龙果（去皮）...........350克
红薯................................300克
小米蕉...............................100克
夏威夷果坚果酱
或榛果酱........................60毫升

茶道级抹茶（早绿）............30克
枫糖浆..............................60毫升

纯素巧克力脆皮

可可酱............................250克
枫糖浆.............................45毫升

冰淇淋

小米蕉、火龙果去皮，切丁，分别放入两个保鲜袋，放入冰箱冷冻最少2小时，变成冰硬的冰块才能使用。

TIPS
准备放入料理机打成泥时，请先掰开结块。

红薯洗净，小个不用切，大个可切成两半，缩短蒸熟的时间。中火蒸20~30分钟，去皮，切丁，放凉。

料理机里放入红薯、夏威夷果坚果酱、小米蕉、火龙果、枫糖浆。以低速先打碎食材，若感觉有硬块仍未搅匀，可静置使冰水果稍微回温，然后调至高速，继续搅拌至顺滑绵密的状态。

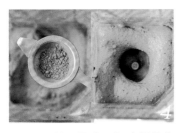

分2~3次筛入抹茶，低速搅拌均匀。抹茶粉末非常细腻，冷冻水果先打至绵密，再加入抹茶，更容易混合均匀。

TIPS
不同等级的抹茶，其茶香、苦味、色泽差异颇大，边加入边试味，调整分量。

刚搅拌好，质感像软冰淇淋，放入珐琅盒里，盖好。

放回冰箱冷冻2~3小时，冷冻凝固后就可以挖球。若冰淇淋太硬，放置室温约5分钟再挖球。天然无添加的抹茶，若长时间接触空气会氧化，颜色变得暗沉是正常的，冷冻3天后挖的冰淇淋球，颜色变暗，但不影响味道。

冰棒

抹茶冰淇淋倒入冰棒模具里，模具轻敲桌面，排出空气。用竹签戳破里面的小气泡，以免成品有坑洞。盖好，插入食品级的木棒，送进冰箱。

巧克力脆皮：隔水加热融化可可酱，加入枫糖浆，搅拌均匀。

敲碎核桃或喜欢的坚果。

冰棒凝固后就可以脱模，冰棒放入热水约10秒，脱模，立刻裹上巧克力酱，巧克力快速冷却形成脆皮，在巧克力未凝固前，撒上装饰碎坚果。若想要品尝抹茶迷人的尾韵，巧克力酱也可随意淋在冰棒上。

小教室 ————

　　可可酱以经过研磨的可可粒制成，纯素不含麸质，无糖。

抹茶杏仁豆腐

—— 带给夏日一丝清凉 ——

使用南北杏打成的杏仁茶，风味醇厚清香，加入黄豆和百合，香味更浓郁和醇厚。以寒天作为凝固剂，制成直接舀起不散开的果冻状杏仁豆腐，以绿色为主色调点缀晶莹透光的琉璃珠果冻，带给夏日一丝清凉。由于寒天具有在室温可以凝固的特点，适合携带参加聚会和野餐。

材料（可做4杯，每杯350毫升）

纯素

杏仁茶
南杏仁.............................155克
北杏仁...............................30克
黄豆...................................40克
干百合...............................30克
清水...............................2000毫升

原味杏仁豆腐
杏仁茶...........................500毫升

寒天粉.................................3克
枫糖浆.............................30毫升
（或罗汉果代糖20克）

抹茶杏仁豆腐
杏仁茶...........................500毫升
抹茶（宇治光）...............2小匙
寒天粉.................................3克
白色罗汉果代糖...............25克

寒天果冻
水信玄饼专用寒天果冻粉.......15克
冷水...............................350毫升
草莓、猕猴桃、芒果
（切丁）...............................适量

杏仁茶

大碗里混合南北杏仁、黄豆、干百合，清水浸泡 8小时，沥干。

TIPS
加入黄豆，能使杏仁茶更香滑。

将所有食材倒入豆浆机，加入清水，煮成杏仁茶。我习惯在杏仁茶做好后再加糖，可方便随意调整甜度。

倒入布袋过滤，戴隔热手套，趁热挤压去渣，杏仁渣可放入保鲜袋冷冻，制作其他美食。

寒天杏仁豆腐

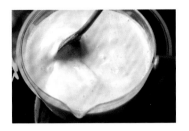

将寒天粉加入杏仁茶里，液体冲入寒天粉，容易结块，较难溶解，加入枫糖浆作甜味剂，小火加热到80℃，寒天粉就会溶解。完全溶化后，倒入容器中，寒天杏仁豆腐回复室温就会凝固，隔水加热备用。

渐层杏仁豆腐冻杯

1

草莓去蒂切丁，猕猴桃去皮，芒果去皮、切丁，也可以选自己喜欢的水果。

2

将海藻制成的寒天果冻粉加入冷水，搅拌至粉末溶解，小火加热，待寒天果冻粉溶化，加入白色罗汉果代糖，小火加热至寒天完全溶化，变成透明液体。

3

圆形模里放入切丁水果，倒入寒天液体，盖好，在室温稍微凝固，送进冰箱冷藏15~20分钟。剩下的寒天液倒入量杯，隔水加热，备用。

TIPS
因为内藏水果，寒天比例不能太低，否则取出来会散开。

4

另煮一锅杏仁茶，加入寒天粉煮至完全溶化，抹茶过筛，分2次加入抹茶，用手动打蛋器搅拌均匀。

5

加入罗汉果代糖，搅拌至完全溶化，倒入量杯里，方便倒出。

6

杏仁茶、抹茶杏仁茶及透明寒天果冻液，隔水加热保温，以防寒天在室温凝固。

玻璃杯倾斜放在布丁杯上。

第1层：倒入透明寒天，草莓丁或猕猴桃丁。液体加入后杯里有重量，可能会掉下去，放入冰镇石垫底，可以帮助快速冷却凝固，又能固定倾斜的角度，放入冰箱冷藏10分钟。

第2层：两杯分别倒入杏仁茶、杏仁抹茶，每层冷藏约10分钟，必须等到凝固，才能倒入下一层，否则无法做出颜色相间的效果，玻璃杯朝相反方向倾斜。

第3层：玻璃杯朝相反方向倾斜，倒入杏仁茶、杏仁抹茶，使颜色相间。

第4层：倒入透明寒天，加入水果丁，凸显晶莹剔透的效果。

第5层：最后一层再次倒入杏仁茶、杏仁抹茶。凝固后，放上水果和寒天水果球点缀装饰。

小教室

　　寒天是从红藻细胞壁萃取的植物凝固剂，含有蛋白质和水溶性膳食纤维，吸水性高，凝固力强，用量很少就能凝固。寒天做的杏仁豆腐，口感较为扎实，爽脆弹牙。

　　无论是加入吉利丁粉或寒天，不同的液体量搭配，可自由变化软硬度。因为品牌、液体成分等差异，会影响最终的硬度。杏仁茶比清水多了其他物质，凝固的硬度，与用清水制作是不一样的。若不熟悉寒天的使用量，可先从小分量开始，觉得太软，稍微增加寒天，倒回锅里再次加热重新溶解。

抹茶爱玉子布丁

—— 三种食材，三种口感 ——

　　爱玉子是天然凝固剂，没有甜味，是控糖减重的低热量食品。以3种不同的液体揉洗，会产生不同的口感。樱花爱玉子，用清水的纯爱玉子，加入盐渍樱花，淡淡咸味，入口即化；以抹茶揉洗，抹茶浓香清爽；以豆浆洗爱玉子，增强了弹性和韧度，不容易松散，外表像布丁，口感似豆花，软嫩细滑。

小体会

罗汉果代糖的甜味并非来自果糖，而是一种抗氧化剂——罗汉果苷，罗汉果代糖不含果糖和葡萄糖，属于低升糖指数食品。罗汉果代糖由罗汉果萃取液和赤藻糖醇混合，没有罗汉果的味道，也没有强烈的余味，不含麦芽糊精，成分天然。

材料（可做8个，每份80毫升）

纯素

樱花爱玉子

凉饮用水	600毫升
爱玉子籽	12克
盐渍樱花	6朵
白色罗汉果代糖	2大匙

抹茶爱玉子

凉饮用水	600毫升
爱玉子籽	12克
抹茶粉（奥绿）	2小匙
金黄罗汉果代糖	2大匙

抹茶豆浆布丁

无糖豆浆	700毫升
爱玉子籽	10克
抹茶粉（奥绿）	2小匙
白色罗汉果代糖	4小匙

模具

圆形硅胶模，圆形直径5厘米（每份）

樱花爱玉子冻

盐渍樱花，以凉开水泡开花瓣，室温浸泡约30分钟，换水冲洗 2~3 次，冲淡咸味，取出沥干水分，放在模具里。

爱玉子籽放入窄长的量杯里，倒入凉开水或矿泉水，再加入黄金罗汉果代糖。

TIPS
爱玉子需要水中的钙帮助凝固，不要使用热水或蒸馏水。

手提搅拌棒最低速搅打1分钟，依据机器的功率调整时间，用搅拌棒取代人手揉洗，简单方便又卫生。

搅打后的爱玉子水呈淡黄色，立刻倒入棉布袋过滤，把果胶挤出。泡沫出现便可停止挤压，以免气泡影响爱玉子凝固的晶莹感，洗好的爱玉子有明显的黏稠感，做好后不要搅拌。

TIPS
所有工具、棉布袋不能粘油，否则油污会分解爱玉子的活性物质，导致不能凝固。

若要做成不同的形状，立刻倒入模具里，凝固后放进冰箱。

小教室

以罗汉果代糖提味，可有效降低热量和糖分摄入。

抹茶爱玉子冻

洗好的爱玉子倒入容器，加入抹茶，用奶泡器打散抹茶。

倒入模具里，抹茶爱玉子的凝固时间，比纯爱玉子稍长一点，放入冰箱约2小时便会凝固。

抹茶豆浆爱玉子布丁

温热的无糖豆浆加入2倍的白色罗汉果代糖，搅拌均匀至糖完全溶化，放凉后加入爱玉子籽及抹茶。

TIPS

为了保持抹茶的嫩绿色，使用白色罗汉果代糖。

用手提搅拌棒打1分钟，倒入棉布袋过滤，快速挤出所有液体，直到手感觉有黏稠胶质。

立刻倒入模具里，抹茶豆浆的凝固时间较长，冰箱冷藏1晚。

第二天取出脱膜，有气泡可脱膜倒转。

抹茶葛粉条

—— 清凉消暑过炎夏 ——

　　葛粉是葛属植物根部提炼的淀粉，解酒，清凉下火，降血压。葛粉条外观像洋菜，煮熟切条，冰镇后蘸糖食用是常见的吃法。加入火锅口感也不输粉丝和面条。

木薯粉、莲藕粉及绿豆淀粉所做出的粉条，口感与葛粉条比较接近，但是营养价值完全不同。

葛粉的直链淀粉含量比支链淀粉高，直链淀粉易溶于温水，溶解后黏度较低，与热水不能形成典型的稠糊。糖浆加入葛粉水，冷却后黏度低有流动性，不会结成块状，非常适合做淋酱。

材料 纯素

葛粉.....................................30克
清水.................................60毫升
抹茶（瑞穗）.................1/2小匙

蒸烤炉制作

用室温水溶解葛粉，轻轻搅拌均匀，淀粉不溶于凉开水，加水搅拌后，会立刻出现沉淀的现象。

加入过筛的抹茶粉，抹茶也是不溶于水的，用电动奶泡器打散抹茶，否则抹茶结块影响口感。

在搅拌抹茶葛粉水期间，原味葛粉水已经沉淀分层，倒入浅盘里前再搅拌一下。

蒸烤炉预热至100℃，放入葛粉，100℃蒸6分钟，蒸烤炉的蒸汽压力比较均匀，葛粉完全蒸熟变透明，且底面丝滑。

立刻放入凉开水里冷却，加入冰块，没有完全溶于水的抹茶粉，在蒸熟的过程中飘浮在表面，令葛粉的透光度变差，但不影响味道。

冷却10~15分钟，使葛粉凝固结实，便可从盘里取出，泡冰水太久会僵硬失去弹性，用刀轻轻切割葛粉边缘，脱模时便不会撕破粉皮，丝滑有弹性，少许粘手，能轻松从浅盘里剥离。

将葛粉用刀切成约0.6厘米的宽条状。

淋上黑糖蜜，加点黄豆粉，也可以点缀上食用金箔。

保质期

　　葛粉条放置过夜会膨胀，淀粉质老化变硬，弹性和口感变差，应现做现吃。

水蒸法

1　煮沸水，放入浅盘，倒入葛粉水，加盖，转至中小火蒸约2分钟，上锅蒸不宜大火，当葛粉表面变干凝固后，倒入热水，盖上再蒸 3~4分钟，可依自己的炉具和火力调整，若锅的容量够大，可把整个浅盘沉入热水里，待葛粉完全蒸熟透明，便可起锅。

2　泡冰水脱模，用刀切成约 0.6厘米的宽条状即可。

TIPS

1. 上锅隔水蒸，若剥离困难，可加少量凉开水，用刮刀帮助剥离。
2. 葛粉条若做甜食，浅盘中不建议涂油，否则会有怪味。

自制黑糖蜜

材料

黑糖 100克
热水 200毫升
葛粉水（葛粉2小匙+50毫升温水）

1　葛粉混合温水制成葛粉水。
2　黑糖加入热水，煮至黑糖完全溶化，捞起浮沫杂质，糖水沸腾后加入葛粉水，煮至沸腾。

抹茶蕨饼

—— 古代的贵族点心 ——

蕨粉拥有其他淀粉所不具备的美味和营养。抹茶蕨饼风味清凉、淡雅，具有充满嚼劲的口感，滑腻而富有弹性，可自然而然地融化于口中。简单搭配，可创造出多层次的丰富口感。

小体会

抹茶蕨饼要做得好吃，抹茶粉的质量很重要，"奥绿"加热后色泽、香味、茶味表现出色，混合蕨粉加热，仍能保持茶香。浓茶专用的抹茶如"朝日"或"早绿"，香气浓郁圆润，茶韵深，即使泡得极浓，都没有刺激的杂味，不需要太多糖中和苦味，适合撒在蕨饼上。喜欢苦味多一点，可选薄茶"宇治光"。

材料

纯素

原味蕨饼

特选蕨饼粉	100克
冷水	160毫升
（用电子秤的水量模式）	
抹茶粉（奥绿）	1小匙
白色罗汉果代糖	50克
热水	230毫升

装饰

抹茶粉（宇治光）	2~3小匙
黄豆粉（见P.89）	适量
黑糖蜜（见P.85）	适量

将黄豆粉撒在浅盘上，备用。

抹茶粉过筛，加入冷水，用奶泡器打散抹茶，加入蕨粉，搅拌均匀，直至蕨粉完全溶解。

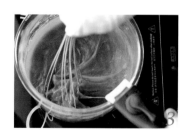

锅里加入热水和糖，搅拌加速糖的溶化，大火煮至沸腾，用搅拌器一直画圈搅拌，慢慢倒入抹茶蕨粉浆，粉浆出现小粉块时，转小火继续画圈搅拌，粉浆开始煮熟，会越来越黏稠，阻力变大，搅拌更吃力，应持续搅拌，不要停下。

加入抹茶后粉团透明度降低，当七八成的粉团颜色变深，关火，以免焦煳，滚烫的粉团利用余温，持续煮熟使整块粉团颜色一致，搅拌至提起来可拉丝。

TIPS
淀粉要快速充分加热，彻底糊化，熟后立刻起锅，抹茶加热时间越长，香气流失越多，颜色也会氧化发黄。煮熟的粉团不粘锅。

将粉团放在撒了黄豆粉的浅盘上，使用带有坚果香的黄豆粉，味道会更立体。

蕨饼表面盖一块烘焙布，用手压平，趁面团温热，用刮刀向外推开，覆盖整个浅盘使其薄厚均匀，放入冰箱冷藏约1小时。

从冰箱取出抹茶蕨饼，蕨饼冷却后可轻易撕开烘焙布，在工作台上撒上薄薄的抹茶粉"宇治光"，切成正方形，再撒上少许抹茶粉"宇治光"。

精致地摆盘，淋上黑糖蜜后即可享用。

蕨饼馒头

① 预先做好的冷冻红豆泥馅，从冰箱取出解冻，取一小匙红豆泥，每颗约15克，滚圆。
② 用滚刀把抹茶蕨饼切成正方形，取一块方形抹茶蕨饼。
③ 包入红豆泥馅，放在手掌虎口处，做出圆球状。
④ 撒上浓郁的抹茶粉"宇治光"即完成。

自制黄豆粉

类似坚果的香气和浓郁的豆味，是黄豆粉的魅力所在，非常适合搭配弹性糯糍的点心，不但能防粘，又能提升味道层次感，蕨饼、葛粉、麻薯、驴打滚、糖不甩，都不能少了黄豆粉。

材料 黄豆

1

黄豆洗净，浸泡10~15分钟，泡至豆壳和豆仁分离，取10~20颗，剥去豆壳，倒掉泡过的水。

2

黄豆倒在烤盘上摊平，放进烤箱130℃烤约2小时，若用锅，要不停翻炒，注意火力，否则烤焦会有苦味。

3

烘烤1小时后，打开烤箱，摇动烤盘让黄豆翻面，使黄豆均匀受热会更快干燥，再烤约1小时。时间依据黄豆大小、烤箱加热速度及体积进行调整。

4

黄豆烤熟会传出香味，刚出炉的黄豆很烫，稍微放凉后取一颗直接试吃，若吃起来没有湿润感，很脆即拿出，待黄豆冷却，便可打磨成粉末。用小型的研磨机打成细末，再用网目较小的网筛，筛出细致的黄豆粉，留在筛网上较粗的，放回研磨机，继续打成细粉，粘在研磨器盖子上的是磨得很细、很轻的粉末，不需要过筛，放入夹链袋保存，由于已经脱水干燥，可放室温存放。

5

若用功率大的料理机，更省时省力。先以低速打碎黄豆，中速打成粉，最后以高速打成细粉末。功率大的料理机，因为高转速摩擦会产生热，完成后要尽快打开盖子，搅拌散热，以免黄豆粉回吸湿气，完全冷却后再装入夹链袋。

TIPS
刷茶的要点在于握住茶筅，不要过度用力，一口气刷出泡沫。

抹茶芭菲

—— 与季节邂逅的综合甜点 ——

常见的配料，盛放在细长精致的玻璃杯中，一杯让人觉得幸福又满足的甜品，拿在手里立刻想要拍照留念，一次性可品尝到多种食材。

抹茶豆腐奶油霜（P.139）

抹茶冰淇淋（P.74）

抹茶、白玉汤圆（P.91）

麦片（P.40）

原味豆腐奶油霜（P.139）

抹茶寒天冻（P.91）

蜜渍红豆（P.94）

红豆沙馅（P.95）

抹茶甜品店的产品会配有冰淇淋和鲜奶油，但不适合全素食者。麦片、白玉汤圆、冰淇淋、蜜渍红豆，这些常用的配料预先冷冻，可保存 2 ~ 3 周，需要的时候只制作豆腐奶油霜和抹茶冻即可。

抹茶寒天冻

材料

抹茶粉（奥绿）.....................8克
赤砂糖 110克
冷水.................................450毫升
寒天粉 2克

1

锅中加入寒天粉、糖及冷水，用打蛋器搅拌均匀，直到粉块消失。

2

中火煮滚，转小火加热至液体完全透明，过程要用木勺不停搅拌。

3

倒入量杯里，加入过筛的抹茶粉，用电动奶泡器打散抹茶。

4

倒入喜欢的模具里，放在冰水里隔水冷却，口感更好，寒天降温后，表面紧贴一层保鲜膜，冰箱冷藏30分钟，脱模后切丁即可享用。

抹茶、白玉汤圆

材料（可做 60 颗，直径 2.5 厘米）

绿色面团

水磨糯米粉 50克
温水 45毫升
苦茶油
（或味道清淡的植物油）..... 1大匙
抹茶粉（宇治光／奥绿）..... 2小匙

白色面团

水磨糯米粉 50克
苦茶油...............................1大匙
温水 .... 3~4大匙

1

水磨糯米粉混合过筛抹茶粉，加入苦茶油，搅拌，先加入一半温水，搅拌至没有干粉，观察糯米粉的湿润程度，添加适量的水。

TIPS
不同品牌的糯米粉吸水差异大，为避免"粉多加水，水多加粉"的循环，请务必慢慢加入水。

由于油被糯米粉吸收的速度慢，面团一开始湿润，反复揉搓，让面团有足够时间吸收油和水分，直至三光——碗光、手光、面团光滑。

TIPS
面团加了油，不黏手，有助于保湿锁水，做好的汤圆不容易干裂。

白色面团省略抹茶粉，揉面的步骤一样。静置 10~15 分钟，醒发面团，盖上保鲜膜以免面团干燥。

面团分成 6 份，未用的面团放回碗里，盖上保鲜膜。

各取一份白绿面团，分别切成5等份，每份面团搓成细长条，白绿相间，并排粘在一起，面团不要一次做太多，否则时间长了面团会干燥干裂。

卷起来，切成一致的大小。

头尾捏尖，放在掌心搓圆，避免过度揉搓混合颜色。

一锅水煮至沸腾，水一定要沸腾至少1分钟，汤圆才可以下锅，若水不够热，表面的糯米粉没有立刻烫熟，糯米粉便会溶于水中。

转至中火，汤圆浮起后，再煮1~2分钟，便可以起锅。

保质期

若不立刻吃，马上放入冰箱冷冻，不容易干燥龟裂，再放入保鲜袋，可以保存 3~6个月，随时煮食，不用解冻。

抹茶的绝配——各式红豆馅

抹茶由整片绿茶茶叶研磨成粉，未经烘焙，属于寒性食材，不适合胃部不适或手脚冰冷的人饮用。而红豆性温，有改善手脚冰冷等功效，与寒性抹茶互相调和，红豆吃多容易胀气，抹茶则能促进肠胃蠕动，有助于预防和缓解胀气。

红豆是可塑性很高的食材，通过改变熬煮时间，调整软硬度，混合不同的配料，红豆馅是抹茶点心最常见的配料之一，为各种抹茶点心画龙点睛。红豆皮有天生的苦涩味，需仔细做好去涩步骤，才能把红豆的甜味发挥得淋漓尽致。

◀ A 红豆沙馅（去壳口感软绵）

B 蜜渍红豆（豆壳不破豆仁软）

C 红豆泥馅（冷却后能塑型）

小教室

大纳言红豆是日本最高等级红豆，不容易煮破，适合制作蜜渍红豆。大正芸豆并非红豆品种，属于扁豆的一种，比红豆大5倍。大纳言红豆的特色是久煮不破，色泽极美，据说是其色泽近似日本古时官服的红色，故称大纳言。

大正芸豆

大纳言红豆

红豆去涩

红豆放在网筛上,用流水轻柔冲洗后放入锅中,倒入常温水,水量要盖过红豆2厘米,大火加热至沸腾后,加入200毫升冷水,当水温急速下降,热量便可快速渗透到红豆内部。

再度煮至沸腾,加热2~3分钟,汤汁逐渐变成茶色,立刻离火,倒入网筛过滤掉热水,这样较容易消去红豆的涩味。

倒掉煮过的汤汁,快速以冷水冲洗,红豆倒回锅里,倒入新的常温水。

重复步骤1~3,水煮沸腾、降温、过滤、冷却,直到红豆汤汁呈浊红色,表示涩味已经清除。熬煮的次数与豆的品种和新鲜有关,新豆涩味少,快熟变软,重复3次,汤汁便成浊红色。旧豆涩味较重,4~5次汤汁才变浊红色。

小建议

1 红豆没煮软前,不要加任何调味料盐或糖,避免无法软化。

2 蜜渍红豆要煮至壳不破。红豆煮至用汤匙轻易压扁的状态,试吃是判断红豆煮熟程度的最好方法,之后便可依据不同的用途,调整做法,做出不同口感的豆泥或馅料。

蜜渍红豆

材料

大纳言红豆或大正芸豆........200克
赤砂糖.............................100克
(第一次下糖)
糖水..............................150毫升
(赤砂糖50克+清水100毫升)

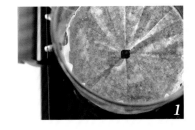

红豆仁熟透后还需要把豆壳也煮软,用烘焙纸盖着红豆,加速豆壳熟化,以最小火煮10~30分钟,火力控制在烘焙纸不会翻起的状态,煮至豆壳软化即可,新豆的豆壳软化较快,时刻留意,调整熬煮的时间,以免豆壳煮破烂与豆仁分离。

蜜渍红豆的颗粒须煮软，但必须保持完整，把汤汁除去。红豆倒回锅里，加入赤砂糖，轻轻翻拌，中火加热以免糖焦化，糖溶化后变成糖水，豆子开始跳动，转至小火。

煮好的红豆放入搪瓷或玻璃容器里，倒入糖水，盖好放进冰箱冷藏一夜，盖上保鲜膜，以免红豆表面干裂。

第2天，倒出腌渍一夜的糖水，加热煮至沸腾，蒸发一点水分浓缩并杀菌，放凉后倒回红豆里。

另外，再熬煮一锅糖水，赤砂糖加水煮至溶化，搅拌至糖完全溶化，用糖水浸泡红豆，红豆充分吸收蜜汁一夜会更好吃。放入冰箱可冷藏约1周。

需要延长保存时间，分成小份，放入冰格冷冻，可保存约1个月，食用时取需要分量，很方便。

蜜渍大正芸豆

大正芸豆不是红豆品种，味道与红腰豆相似，口感比较清爽，也可用相同方法蜜渍。

红豆沙馅

材料

红豆 200克
赤砂糖 100克
海盐 ....拇指蘸一小撮

将红豆煮至熟透，豆壳和豆仁分离，红豆煮熟后质地绵密，可压软烂，适合制作豆沙。

TIPS
豆类需要根据品种、产地、季节及保存状态，改变熬煮的时间。豆越旧越干硬，也越容易走味，比起完全按照食谱指示的时间，熬煮时立即试吃，确认红豆的口感更为重要。

煮熟的红豆放在网筛上，用饭勺按压，把豆沙挤出来。

将熬煮过红豆的豆汁，倒入豆壳碎片，豆汁倒完了，倒入清水，把残留在豆壳的淀粉质冲刷出来。

放进冰箱静置5~6小时，让豆沙沉淀，6小时后，出现明显的分层，用汤勺捞掉上面较清澈的水，再放进冰箱一夜，继续沉淀，液体和固体豆沙一同放进冰箱。

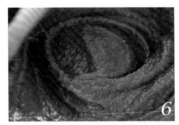

第2天，上层的水变得更清澈，舀走清澈的水，贴近豆沙的水分可在炒豆沙时蒸发。

将固体和液体豆沙一同放入锅里，加入一半赤砂糖，小火加热，以木铲轻轻搅拌。用指腹蘸少许盐，加入豆沙中，可提升甜味，完全混合后，加入剩下的一半赤砂糖。

中火加热把糖溶化后，豆沙变得流动，转至小火，水分持续蒸发，豆沙流动性降低，用木勺舀起来，豆沙不会立即掉下去，便可以起锅。

TIPS
由于水分少，非常浓稠，加热时容易溅起，搅拌可让豆沙充分受热。

少量舀入搪瓷或玻璃容器内，豆沙冷却后会变得硬一些，用刮刀抹平表面，盖上保鲜膜，紧贴豆沙表面，冰箱可冷藏一周。

红豆粒馅

　　豆沙混合蜜渍红豆，便成为红豆粒馅，有两种不同的口感，豆沙口感柔软，适合做抹酱，或不需要烘烤的点心馅料。

红豆泥馅

材料

红豆 250克
清水 800毫升
赤砂糖 100克
麦芽糖 2大匙
澄粉（无筋面粉）..............15克
油 1大匙
海盐 .... 适量

保质期

　　放入冰箱可冷藏约1周，用夹链袋装好压平，冷冻保存 1~3 个月，冷冻时间越长，风味营养流失越多。

1 把红豆熬至绵密，收汁至只剩少量汤汁，用手持搅拌棒，连豆壳一起搅拌，或用料理机打成泥。

2 加入赤砂糖，中火加热，搅拌均匀，直至糖完全溶化。

3 加入麦芽糖、苦茶油（或味道清淡的植物油）。

4 加入海盐，搅拌均匀，若还有块状，再打一次，中火加热。

5 持续搅拌，水分越来越少，变得浓稠。加入澄粉，搅拌均匀。

6 冷却后的红豆泥用汤勺刮起便能形成球状。

小教室

1. 为什么选用赤砂糖?

　　赤砂糖是提炼蔗糖的第一道结晶，保留甘蔗风味，与红豆搭配恰到好处。糖精炼越多，纯度越高，甜度越低，赤砂糖是较少精炼的蔗糖，含矿物质容易被舌头辨认，即使减糖也可达到理想的甜味。

2. 红豆泥为什么加入澄粉?

　　澄粉是从小麦中提取的淀粉，加热煮熟后不会变硬，可维持红豆馅的形状，而不影响口感，包馅后会吸收饼皮的水或油，澄粉吸收水分后，不会变软出水，足够支撑点心皮的重量，适合需要烘烤的点心。制作点心时，馅料与饼皮的平衡很重要，传统豆沙馅料需要大量油脂，使豆沙在冷却时凝固，方便塑形，加入澄粉后，可以减少用油量，较为健康。

豆浆炼乳（P.101）

蜜渍红豆（P.94）

抹茶、白玉汤圆（P.91）

宇治金时刨冰

—— 经典中的冰品圣品 ——

　　抹茶刨冰是最受欢迎的刨冰之一。蜜渍红豆和抹茶炼乳的香甜，交织出深度美味的经典，外形可爱的白玉汤圆衬托出抹茶深邃的茶韵。

材料

冰块 .... 200~300克
抹茶豆浆炼乳 60毫升
红豆泥馅及蜜红豆 50克
白玉汤圆 .... 1~2颗
抹茶汤圆 .... 1~2颗

刨冰可用手摇式的刨冰机，或功率大的破壁搅拌机。冰块取出稍微在室温静置，脱模，冰块从制冰盒取出时，省略洒水脱模的步骤，否则冰块接触到水会出现细小的裂痕，较难刨出蓬松绵蜜的冰。

将部分红豆馅藏在刨冰之内，再刨一层冰，最后淋上抹茶豆浆炼乳，摆上白玉、抹茶汤圆点缀，即可享用。

让抹茶甜点更上一层楼的淋酱

黄豆粉（P.89）

豆浆炼乳（P.101）

黑糖蜜（P.85）

抹茶豆浆炼乳（P.101）

材料（可做约190毫升炼乳）

豆浆炼乳

无糖豆浆/米奶/坚果奶 500毫升

白砂糖 ....200~250克

抹茶豆浆炼乳

豆浆炼乳 1大匙

温水 .... 4~5大匙

（稠度可以自己调整）

抹茶粉 1小匙

豆浆炼乳

1 玻璃容器煮沸消毒，用电风机吹干，或放入烤箱烘干。

2 糖倒入豆浆中混合均匀。

3 中火加热，边加热边搅拌。豆浆的沸点比水低，所以很快就会沸腾溢出，转至小火细煮，避免豆浆溢出。

4 煮至豆浆剩下约一半，豆浆分量越多，煮制时间越长。

5 炼乳开始黏在木勺上，用汤匙在木勺上能刮出痕迹，浓稠度就可以了。

6 倒入干净的瓶子，放冰箱冷藏可保存约一年。如果室温保存，炼乳煮好趁热倒入密封罐，倒扣放至冷却，可做到简易杀菌，室温能保存3~4个月，开封后要放冰箱冷藏。

抹茶豆浆炼乳

温水混合过筛抹茶粉，以电动奶泡器打散，加入所需分量的豆浆炼乳，搅拌均匀即可。炼乳的稠度可依喜好调整，抹茶汤分量越大，流动性越高。抹茶容易氧化变色，味道流失快，每次使用最好现做现用。

保质期

豆浆炼乳可放入玻璃容器密封，冷藏2~3天用完。

抹茶寒天紫米甜汤

—— 滋补甜品冷热都好吃 ——

　　绵密养生的紫米粥，搭配清爽的蜜渍芸豆、软弹的芋圆、微苦爽口的抹茶寒天冻，手里捧着、小口吃着，不只手暖胃暖，也心满意足了。

紫米粥（P.103）

抹茶寒天冻（P.91）

抹茶芋圆（P.103）

蜜渍芸豆（P.94）

小体会

　　紫米粥最适合冬天享用，尤其是寒流来袭或连续阴雨的天气，总会想念暖身的甜汤。如果喜欢食用凉的，可将紫米粥放入冰箱冷藏，食用时再加入配料即可。

抹茶芋圆

好吃的芋圆软弹和芋香并重，带着芋头原本的自然香气，加入抹茶完全没有违和感。食材组合越简单，比例平衡越重要，否则只有软弹却没有芋香和茶香，就大大失色了。

材料

芋头 100克
木薯粉 .... 30~50克
黏米粉 10克
赤砂糖 2大匙
清水 .... 30~50毫升
抹茶粉（奥绿）.................. 2小匙

芋头去皮，切丁，中火蒸 20分钟变软，用叉子压成泥，若喜欢吃到芋头的颗粒，不需要完全压碎。

将芋泥放入大碗中，放入糖搅拌，加入木薯粉、大米粉和抹茶粉，揉成面团，不要一次性加入配方中的清水，边揉边根据情况加水，每次都要依据芋头本身的含水量微调。

面团揉搓到三光——碗光（碗里没有粉剩下）、手光（手不粘面团）、面光（面团表面光滑）即可，用力压面团会有少许裂开，煮好后弹性较好。若太干裂开，可多加一点水。

搓好的面团切长条，揉搓的力度不可太大，轻轻推开，否则容易裂开，如果觉得黏，可撒一点木薯粉。

长条形面团排好，切成约1.5厘米的芋圆丁，将切边用手轻按成圆角。煮一锅滚水，水滚后放入芋圆，中火煮至浮起，再煮1分钟捞起，放入冰水中，可使口感更软弹。

紫米粥

保存方法

可放入夹链袋冷冻保存，取出不用解冻，直接沸水煮制。

材料

紫米 200克
水 2.5升
冰糖 50克
盐 .... 一小撮

1. 紫米洗净，用清水泡约 1小时，倒掉泡过的水。
2. 加入清水，放入电锅里熬煮 1小时至米粒开花。高电锅30分钟可煮好。
3. 加入赤砂糖或冰糖，待糖完全溶化后，用拇指蘸一小撮盐，搅拌均匀，依喜好加入抹茶寒天、芋圆、蜜渍芸豆、热泡抹茶、椰浆或植物奶。

Part **5**

疗愈时光　烘焙甜点

抹茶特有的香味、色泽与风味，
给甜点增添微苦的口感，完美中和了甜味，
让人停不下来，
从入门款的饼干、蛋白糖到松饼、蛋糕卷，
邀请你尽情享受丰富多变的茶香美味。

抹茶舒芙蕾松饼

—— 会呼吸的蛋糕，湿润不塌的秘密 ——

　　抹茶舒芙蕾松饼蓬松柔软，一口咬下去软糯、细腻而湿润。色泽、茶味和苦韵并重的奥绿带有明显的抹茶香，还能同时感受到蛋香，清爽不腻口。价格实惠的瑞穗色泽泛黄，缺少青葱翠绿。加入抹茶的面糊，焦黑的时间比普通松饼更快，要特别注意加热的温度。

小体会

　　舒芙蕾松饼制作手法与戚风蛋糕类似，只是加热的工具不是烤箱而是平底锅。含糖量不同蛋白霜，打发的方法是不一样的。理解蛋白霜的原理，掌握炉具和锅具的加热速度，你也可以做空气感十足，蓬松不塌陷的厚松饼！

材料

蛋黄 2个	白米醋............................1小匙
全脂牛奶 20克	赤砂糖
米糠油（或味道清淡的	（研磨成粉末）...................35克
植物油）...........................10克	天然香草精 1/4匙
中筋面粉 30克	豆腐奶油霜 ....适量
抹茶粉（奥绿）...............2小匙	抹茶豆浆炼乳（见P.101）.....适量
蛋白 3个	

工具

不锈钢圆形慕斯模（直径8厘米×4厘米高）
平底锅（28厘米）、烘焙纸、挤花袋

将蛋白和蛋黄分离，取蛋黄加入全脂牛奶和植物油后，用打蛋器打发混合，加入天然香草精，打发蛋黄至颜色变淡，完成蛋黄糊。

中筋面粉混合抹茶粉。

蛋黄糊分2次筛入面粉，搅拌均匀。

不同品牌的面粉吸水度有差异，注意面糊的浓稠度，若面团很重，从打蛋器滴落很慢，就是太浓稠；蛋白霜加入后快速消泡，容易造成松饼回缩，可加1小匙牛奶，调整稠度，面糊提起，落下应呈丝带状。

从冰箱取出蛋白，加入白醋，可使打发的蛋白霜更细致稳固。蛋白不可蘸到蛋黄、水及油脂。打发蛋白至泡沫开始变多，分3~4次加入糖粉，加糖粉时持续搅拌，保持搅打速度，才能做出坚挺的蛋白霜。在泡沫变得很细致之前，把糖粉全部放入。

TIPS
赤砂糖晶粒比较大，溶化速度慢。打发前，可用研磨机磨成糖粉。

蛋白霜打发至呈倒三角尖嘴状。

蛋白霜分3次加入蛋黄糊，用手动打蛋器轻轻混合。每一个动作都会造成蛋白消泡，所以蛋白霜的结构一定要稳定，搅拌时就不容易消泡。勾起，滴落，动作快而轻。

加入剩下的蛋白霜，蛋白霜会随着时间消泡，完成后，面糊不会过于湿润，会形成蓬松绵密有体积的组织，几乎不流动的状态，这种面糊煎好后不容易回缩。放入挤花袋。

预热平底锅，倒入少许温水测试温度，水接触锅面慢慢沸腾，没有水花飞溅，温度就刚刚好。锅里放入圆形慕斯模，里面放入烘焙纸。

面糊挤入慕斯模中八分满，在面糊旁边滴1大匙温水，加盖让锅里产生蒸汽，以小火焖松饼8分钟，每个炉具火力及锅的传热速度不同，火力和时间要自己测试。

打开锅盖，取走慕斯模及烘焙纸，松饼不粘锅，可以轻松翻面，底部颜色金黄即可，加盖，再焖煎2~3分钟，煎好要立刻起锅。

食用前，依个人喜好放入水果、豆腐奶油霜等配料，再淋上自制的抹茶豆浆炼乳即可。

渐层抹茶压模饼干

以高级抹茶制作的压模饼干，低温慢烤，释放原料风味，不破坏抹茶的天然色素，也不上火。全素食，没有掺杂过多食品添加剂，没有泡打粉，不含奶油，素食朋友也可以尽情享用。

小体会

枫糖浆和麦芽糖甜度较低，具有较少加工的天然甜味，香味与抹茶的苦韵搭配和谐。加入麦芽糖可以减少油的比例，有黏合面粉的作用。只要把面团揉成一块，压模烘烤即可。由于没有动物脂肪，面团不需要冰箱冷藏定形，直接切片即可烘烤。

材料（可做 30 ~ 40 个）

低筋面粉 105克
马铃薯淀粉 60克
古法麦芽糖 30克
枫糖浆 27克
米糠油 50克
（或味道清淡的植物油）

海盐 1/4小匙
抹茶（早绿／宇治光）........ 2小匙
抹茶（早绿／宇治光）...... 1/4小匙

低筋面粉和马铃薯淀粉过筛，加入海盐，搅拌均匀。

面团加入枫糖浆、麦芽糖及米糠油。用刮刀混合干湿材料，按压成团，表面光滑即可，塑形成长方形，按比例分成 3 份。面团的重量可能因为水分和湿度有差异，不必太过精准。

TIPS
整罐麦芽糖泡在热水里软化，泡 10 分钟，麦芽糖变软，便很容易挖出来。

取第一份面团，2小匙抹茶过筛，切碎面团，但不要揉搓，用刮刀按压面团，面团与抹茶初步混合，再用手握紧，折叠面团，用掌根按压，重复按压的动作，直至表面光滑，均匀染色面团。

若面团干燥、松散，加入几滴清水，面屑便很容易粘在一起。面团只要粘在一起即可，避免按压太多，否则面团会很快渗油。

将1/4小匙抹茶加入另一份面团，依相同方法混合成浅绿色面团。再将三色面团放在保鲜膜上。

盖上另一张保鲜膜，将三色面团分别按压成正方形，擀薄至0.4厘米厚，长约 12厘米。

 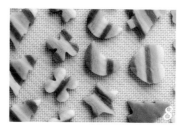 

依次把深绿、浅绿、白色面团折叠，切开一半，并叠在另一半面团上方，再切成约0.4厘米厚的长片。长片平铺在保鲜膜上，用饼干模压出喜欢的形状。

边角料可以混合起来，擀成薄面团，再压出饼干形状，排好在烤盘上，每块饼干之间留出间距。

预热烤箱至160℃。温度调至150℃烤12分钟，打开烤箱，散走水气，翻面。温度下调至100℃烤12分钟，饼干中心位置变硬即烤好了。烤好后打开烤箱门，不取出饼干，放在烤盘上冷却约5分钟，饼干接近室温时，口感非常酥脆。

TIPS
若烘烤温度过高或时间过长，植物油会有油质酸败味，抹茶里的叶绿素也会因高温氧化变黄，香气流失。若依照食谱上的建议温度，饼干仍然变黄变褐，可再调低温度。

保质期

每次多做一点，装入密封保鲜袋里，可以保存1~2周。

抹茶蛋白糖

—— 纯素无蛋白，轻盈酥脆 ——

　　蛋白糖又称蛋白霜脆饼，以蛋白加大量的糖打发而成，烘烤后形成棉花糖般稠密，却又轻盈的酥脆口感，相对较为甜腻。抹茶加入后，甜中带微苦停留在舌尖，融化时先甜后甘，留下抹茶尾韵，有效降低甜腻感。抹茶粉会导致鹰嘴豆汁蛋白霜快速消泡，抹茶比例不能太大，一抹柔和的淡淡浅绿，带来如沐春风的风味。

小体会

　　纯素的蛋白糖以鹰嘴豆汁取代动物蛋白，除了淡淡的豆味，与动物蛋白的质感几乎达到99%相似。但是打发过程与动物蛋白有差异，鹰嘴豆汁打发的时间较长，不同品牌的罐头鹰嘴豆汁有浓度差异，使用前要加热蒸发多余水分。

材料

罐头鹰嘴豆汁160毫升

（浓缩至50毫升）

黄原胶.........................1/4小匙
塔塔粉.........................1/2小匙
寒天粉.........................1/2小匙
糖粉.............................60克
抹茶粉（奥绿）.................2大匙

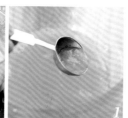 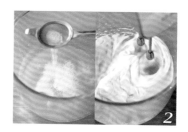

用网筛分离罐头鹰嘴豆汁和鹰嘴豆，汁液倒入锅里，测量体积。中火加热约10分钟浓缩豆汁，把多余的水分蒸发掉。

TIPS
不同品牌的罐头豆汁浓度差异较大，冷却后能凝固成软果冻状的才能打发出泡沫扎实稳定，不容易消泡的蛋白霜。

将黄原胶、塔塔粉和寒天粉过筛，筛入鹰嘴豆汁，用电动搅拌器，以最高速打发3分钟，直至豆汁起泡体积膨胀，变成雪白色细致的泡沫。

糖粉分次少量拌入蛋白霜，每次加入1大匙，糖粉完全混合后，再加入1大匙糖粉。糖粉加入时持续搅拌，建议使用桌上型电动搅拌器，比较省力。

鹰嘴豆汁的打发时间较动物蛋白稍长，总时间5~6分钟，打至蛋白霜表面光滑不流动。搅拌头立起，蛋白霜尾端坚挺不下垂即可。

分两次筛入抹茶粉，用搅拌器低速搅拌均匀，停止打发，否则会消泡。

将口径约1.5厘米的菊形挤花嘴套入挤花袋中，装入抹茶蛋白霜。

在铺好烘焙纸的烤盘上挤出形状。

放入烘干机干燥，70℃烘干6~7小时，蛋白糖的体积越大越厚，干燥时间越长。直至表面不粘手，可以轻松翻起底部的干燥状态。

保质期

蛋白糖非常容易受潮，烤好后立刻放入密封的保鲜袋或盒里，并放入干燥包，否则受潮后会软化并粘在一起。

小建议

1 蛋白糖需要低温烘干而非高温烤熟，烘焙温度不能高，要保持抹茶的香气及翠绿的外观，80～90℃最佳。高于100℃，蛋白糖便会发黄变色。烘干时要时常观察。很多小型烤箱的最低温度是100℃，烘烤时把烤箱门留一小门缝，用烤箱温度计测量准确的温度。也可用烘干机，烘干机温度相对稳定，耗电量比烤箱少，可节省能源。

2 若蛋白糖在干燥期间出现消泡、出水或萎缩，有可能是鹰嘴豆汁的水分过多，或打发顺序不对。

小教室

黄原胶是由野油菜黄单孢菌以玉米淀粉为主要原料发酵生产的复合多糖体，有增稠、乳化、稳定的作用；塔塔粉则是一种酸性食品添加剂，借由酸碱中和帮助植物蛋白起泡，增加蛋白霜起泡后的稳定性，帮助打好的蛋白维持形状。

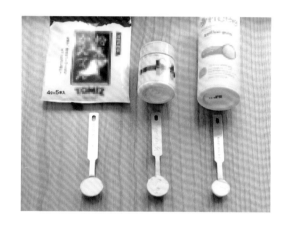

抹茶麻薯松饼

—— 现做现吃好滋味 ——

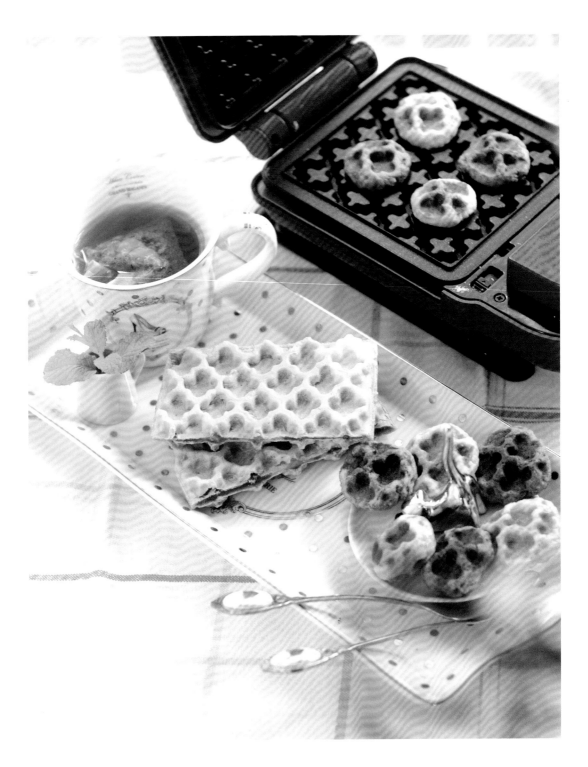

松饼配方千变万化，唯一的共通点是一定要现做，趁热吃才美味。麻薯松饼口感介于面包和松饼之间，一口咬下皮脆，中间放入糯米麻薯作内馅，撕开松饼拉出牵丝，软弹感十分特别，略带淡淡的抹茶茶香，淋上抹茶炼乳更美味。

小体会

松饼种类很多，格子形状搭配冰淇淋和水果很受欢迎。传统材料以蛋、奶、面粉调成面糊。麻薯配方以木薯粉为主，蛋液可换成鹰嘴豆汁，变身纯素松饼。做法简单，混合所有材料，放入松饼机烤熟即可。

材料（可做3个）

抹茶松饼

木薯粉	120克
马铃薯淀粉	20克
抹茶粉（奥绿）	1大匙
豆浆或牛奶	90毫升
蛋液或鹰嘴豆汁	20毫升
米糠油（或味道清淡的植物油）	40毫升
赤砂糖或罗汉果代糖	1~2大匙
海盐	1/8小匙

白玉汤圆面团

（分成6份）

水磨糯米粉	50克
苦茶油	1大匙
温水	45毫升

1

混合蛋液、赤砂糖、盐、米糠油、豆浆、木薯粉、马铃薯淀粉。

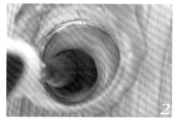

2

筛入抹茶粉，全部材料搅拌均匀，成浓稠的面糊。

3

烤盘不用预热，面糊倒入烤盘约八分满，面糊受热会膨胀，避免倒太满。

4

放上压扁的白玉汤圆面团，再倒少许面糊覆盖。

5

盖上松饼烤机3分钟，翻面，再烤3分钟，表面变脆后立刻起锅，松饼要趁热吃。

抹茶四叶草酥饼

—— 最有幸福感的点心 ——

将中式传统面点菊花酥的做法稍做改变，折叠成四叶草的造型，与抹茶口味为主的意境非常相配。中式酥饼由一层"油皮"，一层"油酥"组成，运用卷的方式，用水油面团作皮，包入油酥，使用油类原料分隔，透过层层折叠相间交错形成面皮 – 油脂 – 面皮的分层，面皮中的水分经烘烤后，受高温汽化，水蒸气膨胀分离面皮，形成层次分明的酥松点心。

小体会

要制作漂亮的中式酥皮，"油皮""油酥"需要相同的柔软度，否则软硬不一，在包裹、擀压、卷起的过程中容易破皮，不能形成相间交错的效果，影响酥饼的口感。颜色翠绿，调味来自抹茶本身的香气，所以抹茶粉的选择非常重要。纯素酥饼以植物油取代动物油脂，口感甜而不腻。

材料（可做8颗）

纯素

油皮

高筋面粉	130克
赤砂糖	40克
冷压椰子油	45克
柠檬汁	1/2小匙
冷水	50克

油酥

低筋面粉	100克
冷压椰子油	40克
抹茶粉（奥绿）	4克
抹茶粉（奥绿）	1/4小匙

1

赤砂糖用研磨机研磨成糖粉。

2

将椰子油和糖拌匀，搅拌至糖完全溶化。再加入柠檬汁拌匀，分次少量加入冷水。

3

分3～4次筛入高筋面粉，揉搓成均匀稍微光滑的面团。

盖好静置20分钟醒发，分成16等份，滚圆，完成油皮制作。

低筋面粉与椰子油混合，分成2等份。

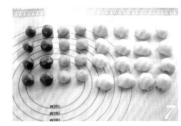

取一份加入1/4小匙抹茶粉，均匀揉搓成浅绿色的面团，分成 8 等份，滚圆。另一份加入4克抹茶粉及1小匙椰子油，均匀揉搓成深绿色的面团，分成8等份，滚圆，完成油酥制作。

将油皮压扁，包裹一份油酥，收口捏紧，朝下放，光滑面朝上，压扁。8个油皮包入深绿色油酥，8个油皮包入浅绿色油酥。

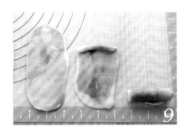

用擀面棍将面团纵向压成椭圆形薄片，再横向左右推开面团，尽量压薄。翻转，光滑面朝下，由短的一端卷起来。

收口朝下，盖上保鲜膜防止表面变干，放在室温中15分钟，醒发面团。

深绿色面团，用大拇指从中间压下，使两端向中间折起，在折起贴合处捏一下，滚圆。浅绿色面团依相同方法滚圆，再擀成薄圆形，翻转，光滑面向下。

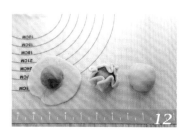

12

13

14

浅绿色薄面团中间，放上深绿色面团，包好并捏紧，收口向下放置，完成的面团用保鲜膜盖好，以防干燥。

将小面团压扁，用擀面棍擀薄一些，用刀切出8道缺口，面团中间不要切断。

面团放在铺好焙烤纸的烤盘上，将相邻两个花瓣翻转方向相反，切面朝上露出深绿色面团，两片花瓣组成一个心形，依次做好8个酥饼。

15

16

17

用食指从中心向外推薄花瓣，以免酥饼太厚。

烤箱预热180℃，送进烤箱烤10分钟，盖上铝箔纸防止表面发黄变色，继续烤10分钟。

打开烤箱，酥饼留在烤盘上放凉，利用余温蒸发多余的水分，一定要完全放凉才能移动酥饼，否则花瓣容易掉下来。

小教室 ——————————————————————

为了维持油皮和油酥的柔软度，保水非常重要。所有面团全程用保鲜膜盖好，只取出需要操作的面团。

抹茶杯子蛋糕

—— 高贵华丽，一瞬间抓住了目光 ——

完全不用鸡蛋和乳制品的杯子蛋糕，无论是茶香还是口感却一点不逊于传统蛋糕。鹰嘴豆汁打发成纯素蛋白霜后，与干性食材混合会立刻消泡，可借助膨松剂做出绵密松软的蛋糕体。点缀以玫瑰造型的豆腐蛋白霜，让人舍不得立刻品尝。

小体会

茶香浓厚的抹茶蛋糕，抹茶粉的选择不能将就，因为高温烘焙对抹茶的颜色和香味破坏非常大，选经得起考验的"奥绿"，喜欢厚重感的抹茶爱好者必定能得到满足，经过再三改良的豆腐奶油霜，口感柔软扎实不干涩。蛋糕配方的配料多样，抹茶的比例高、茶味浓厚，若不喜欢苦韵浓郁，可以降低抹茶粉的比例。

材料（可做6个）

纯素

杯子蛋糕

燕麦奶或其他植物奶	90毫升
苹果醋	15毫升
浓缩至果冻状的鹰嘴豆汁	40毫升
米糠油或	
（或味道清淡的植物油）	25克
天然香草精	1/4小匙
海盐	拇指蘸一小撮
中筋面粉	90克
玉米淀粉	20克
抹茶粉（奥绿）	10克
赤砂糖	50克
无铝泡打粉	1小匙
小苏打	1/4小匙
卷边纸杯	6个
（直径5厘米×高4.5厘米）	

挤花抹茶豆腐奶油霜

材料	用量
板豆腐	275克
（压重物脱水至210克）	
赤砂糖	30克
枫糖浆	30毫升
清水	125毫升
寒天粉	9克
海盐	拇指沾一小撮
米糠油	45毫升
抹茶粉（奥绿）	10克

※挤花抹茶豆腐奶油霜，增加寒天粉的分量，以维持挤花后的形状，除此之外，做法与馅料用的豆腐奶油霜是一样的，步骤请参考抹茶千层蛋糕。

打开鹰嘴豆罐头，分开汁液及鹰嘴豆，若汁液太稀，放入小锅里加热煮滚，蒸发水分，汁液冷却后呈果冻状，即可使用。

混合苹果醋、燕麦奶、鹰嘴豆汁、米糠油、天然香草精、海盐，静置3~5分钟，用打蛋器打散使之乳化。

颗粒状的赤砂糖打磨成糖粉，混合中筋面粉、抹茶粉、玉米淀粉、无铝泡打粉、小苏打，放入网筛中。

干性食材分2~3次过筛，混合湿性食材，避免形成粉粒，一边转动钵盆，一边用橡皮刮刀快速搅拌均匀，至没有粉类残留时，即混合完成。

用汤匙将面糊均等舀入6个纸杯中，填满纸杯的一半。

烤箱预热至180℃，将装有面糊的纸杯放入烤箱烤15分钟，打开烤箱，蛋糕表面覆盖一块铝箔纸，再烤5分钟，从烤箱取出，移到网架上冷却。

将直径1厘米的星形花嘴装入挤花袋中，再舀入抹茶豆腐奶油霜，挤花时注意花嘴永远向下垂直，中间先停留一下多挤一点，然后绕圈圈，奶油霜完全覆盖蛋糕表面，尾巴往下，即完成。

纯素抹茶蛋糕卷

—— 没有蛋奶，一样松软 ——

纯素蛋糕的内部组织因为没有蛋液打发起来的泡沫，更像磅蛋糕的口感，不会过于扎实，内部松软湿润，只要控制好蛋糕的湿度，蛋糕便不会干燥裂开，可以卷起来，与改良的内馅抹茶奶油霜一起享用，不会过于干涩，满满浓郁的抹茶滋味，纯素食者也可享受到细腻绵密的蛋糕口感。

小体会

　　抹茶卷是许多抹茶爱好者的最爱，对甜品爱好者也有着绝对的吸引力。不用蛋和奶做出纯蛋糕卷的任务，变成可能，成功做出口感好的杯子蛋糕后，便可挑战难度稍高一点的纯素蛋糕卷了。

材料

蛋糕

燕麦奶或其他植物奶	270毫升
苹果醋	45毫升
浓缩后的鹰嘴豆汁	90毫升
米糠油（或味道清淡的植物油）	7毫升
海盐	拇指蘸一小撮
中筋面粉	237克
玉米淀粉	50克
抹茶粉（奥绿）	12克
赤砂糖	150克
无铝泡打粉	3小匙
小苏打	$1\frac{1}{2}$小匙
抹茶粉装饰用（宇治光）	适量

馅料

挤花用豆腐奶油霜	400克

制作蛋糕体的面糊，请参考杯子蛋糕步骤1~4。

将面糊倒入铺有焙烤纸的烤盘上，用刮板将表面铺开整平。

尽快送进预热好的烤箱180℃烤15分钟，直至蛋糕表面不再湿润，但仍然柔软，注意烤的时间不要过长，否则水分流失太多，变干和变脆，卷起容易裂开。

蛋糕出炉，表面放一块布，再放上砧板，一口气整个翻面，倒扣拿掉蛋糕模，除去蛋糕底层的焙烤纸。

散热约3分钟后，在蛋糕上方涂抹豆腐奶油霜，用抹刀将奶油霜抹平。

TIPS
蛋糕不要完全放凉才卷，凉后会变干，容易裂开。

用布卷起蛋糕，收口朝下放置，避免蛋糕松开。待蛋糕稍微放凉，取走布。若边缘太干燥散开，用锋利的刀修整边缘。

表面撒抹茶粉，切成适当的厚度，每切完一刀用厨房纸巾抹去黏在刀上的奶油霜，切口会更漂亮。

Part **6**

充满力量　全植物点心

将动物性的蛋、牛奶、鲜奶油
完全替换成植物性食材来制作甜点，
素食者也能享用疗愈身心的美食，
加入抹茶，味道更添层次感，
口口都让舌尖缱绻不已。

抹茶草莓巧克力

—— 超人气抹茶零嘴 ——

　　一口咬下，巧克力在口腔里融化，混合松脆酸甜的草莓很和谐，一颗刚好不会腻。以天然的可可脂做纯植物的巧克力，口感更丝滑细腻，入口即化。

小体会

　　冷冻草莓干口感松脆，脱水后的糖分、甜味浓缩，水果的味道被放大了好几倍。外层再包裹浓郁的抹茶巧克力，不会软烂出水，解决了保存的问题，也带来耳目一新的口感。

材料（可做 15 颗）

冷冻草莓干 15颗
可可脂 75克
椰浆 20克
麦芽糖 50克

榛果酱 60克
抹茶粉（朝日）.................. 2小匙
海盐 1/8小匙

模具

15连高圆球夹心硅胶模具，圆球直径2.8厘米

自制榛果酱

1　生榛果放入烤箱，70℃烘烤1小时。榛果含有风味物质——榛子酮，烤制后榛子酮含量会大幅上升，榛果的香气会更为突出，中途开开烤箱翻动榛果，使其均匀受热，放凉。

2　用料理机打成榛果酱，制作巧克力的榛果酱，需要打至细滑没有颗粒，可以自然滴落的状态。榛果酱的作用是帮助巧克力凝固，这个配方只取坚果酱的部分，不取油。

保质期

　　将榛果酱倒入消毒过的玻璃瓶，冰箱保存约1周。榛果酱表面会浮起一层榛果油，很香。室温解冻即可使用。

抹茶草莓巧克力

从冰箱取出麦芽糖，冷却的麦芽糖很硬，盘里倒入刚煮滚的热水，放入麦芽糖隔水加热，水位到麦芽糖的高度，5~10分钟后麦芽糖便会软化，很容易挖出来。

可可脂放在不锈钢盆里，下方放一小锅刚煮沸的水，隔水加热，锅底不要直接接触热水，可可脂在45~50℃融化，搅拌，让可可脂均匀受热，接近完全融化时，轻轻搅拌，直至完全融化。再加入海盐，轻轻搅拌。

TIPS
若温度过高，往小锅里倒冷水，温度太低，则加入新煮沸的热水。

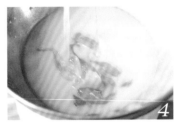

可可脂离开热水，加入软化的麦芽糖，再放回锅上隔水加热，让麦芽糖变得更柔软。麦芽糖比较难溶化在可可脂里，软化至拉丝后，加入室温椰浆，轻轻搅拌，麦芽糖溶化速度缓慢，要有耐心。

TIPS
可可脂的结晶对温度极敏感，不要加入从冰箱取出来的食材。

加入榛果酱，轻轻搅拌，直到完全混合后离开热水，放在桌上，开始降温。

分3次筛入抹茶粉，慢慢搅拌至巧克力糊光滑，可以刮开，降温至25℃。

放回锅上隔热升温到32℃，温度到立刻停止，开始倒模。

TIPS
升温的速度很快，要小心，否则会出现水油分离的状态，需要重新降温。

若草莓太大，可修剪底部，调整成可以塞进模里的大小。

圆形硅胶模下方放一块大理石或烤盘。舀起2/3大匙的巧克力，倒入圆形硅胶模里，放入冰箱冷藏约15分钟后取出。

TIPS
由于冷冻草莓干已经脱水，重量很轻，若在巧克力尚未凝固时加入冷冻草莓干，草莓便会浮起来，无法固定位置。

巧克力呈现半凝固的状态下，放入冷冻草莓干，倒入巧克力糊封顶，不要一次倒满，让巧克力糊慢慢流下去，包裹草莓，以免溢出或形成气孔。再用竹签在模边划一圈，戳破升起来的气泡。避免用模具敲桌面，草莓容易移位。

放回冰箱冷藏 1 小时，凝固变硬，即可脱模。

用巧克力包装锡箔纸包好后，放入保鲜袋或密封容器里。巧克力适合保存在16～22℃室温，夏天要放入冰箱保存，若要外出送礼，用保温袋盛装。

小建议

1 调温巧克力的第一个要点是不停搅拌，但是过程要小心避免搅出泡泡，刮刀不要超出水平面，以免起泡。

2 搅拌时不要一直搅拌，而是搅拌几下，停下来，再搅拌。

3 第二个重点是测温，可可脂在 45～50℃ 融化，温度不能再升高，在翻拌时多测量几次来确认。

小教室

冷冻水果干是一种航天食品的真空制干技术。即便使用低温（42℃）热风干燥处理，仍然无法避免流失果味和营养。但是冷冻干燥将新鲜水果在真空及零度以下的环境进行速冻并抽真空，最大限度保留食物的营养、味道和色泽，膳食纤维结构保持完整，食物的外观也没有太大变化。

抹茶生巧克力

—— 苦涩的甘甜，令人着迷 ——

纯素的食材也可以做出生巧克力柔软和入口即化的口感。夏威夷果含油量在70%以上，富含不饱和脂肪酸，有完美的天然甜度及油脂比例，营养价值高。以夏威夷果坚果酱取代奶油，以豆腐取代鲜奶油，顺滑融化在舌尖，浅甜而不腻，若隐若现的甘醇茶香刺激着味蕾，品尝其苦涩与甜美。

小体会

"生巧克力"一词源于日本，使用巧克力、鲜奶油及奶油等乳品制成。生巧克力的"生"，在日语是"新鲜"的意思。日本制造商将"含24%新鲜奶油及14%水分的巧克力"称为生巧克力。

材料（可做每种口味24颗）

可可脂................................70克
板豆腐..............................125克
（压重物脱水至100克）
枫糖浆..............................50克

模具

包装礼盒11厘米×13.5厘米×3.5厘米，焙烤纸剪裁成适合礼盒的大小。

纯素

夏威夷果坚果酱....................35克
抹茶粉（奥绿）......................8克
抹茶粉（宇治光或早绿）......1小匙
岩盐...................手指蘸取一小撮

1

板豆腐蒸熟，压重物脱水后重100克。

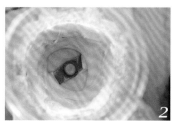

2

豆腐、夏威夷果坚果酱、枫糖浆放入料理机，打成绵密顺滑浓稠的奶油质感。

3

将大块的可可脂剪碎。

将可可脂放在不锈钢盆里，下方放一小锅刚煮沸的水，火力转至最小，隔水加热，搅拌至完全融化，可可脂的温度不要超过40℃。

加入板豆腐奶油糊及盐，用刮刀轻轻搅拌，使材料稍微混合。

筛入抹茶粉，食材均匀混合便可停止搅拌，若巧克力温度超过30℃，从锅上取下来，不用继续隔热水加温。

融化的巧克力糊表面有光泽，浓稠，舀起不容易滑落。

若温度太高或过度搅拌出现水油分离的情况，立刻放入冰箱冷藏，待油脂稍微凝固再取出搅拌，便能再次均匀混合。

巧克力糊倒入模具里，表面紧贴一块焙烤纸，用盒盖刮平表面，放进冰箱冷藏一夜。

巧克力连同焙烤纸一起从模具取出，热水烫刀，用厨房纸巾抹干，切成扁方形。若巧克力太硬，一切就裂开，可将巧克力放在室温10分钟，等稍微变软一点再切。

撒上抹茶粉装饰，即可享用。

抹茶千层蛋糕

── 低脂，不含乳制品，口感轻盈 ──

甜点中的贵族，上等的千层蛋糕相当考验耐心和水平，把最普通的法式薄饼逐一煎好，一层一层细致地堆叠奶油霜。传统的千层蛋糕饱和脂肪含量高，以低热量的豆腐来制作奶油霜，味道、口感、柔软度也不输鲜奶油，奶油霜的软硬度可以调整。

小体会

斯佩尔特面粉的水溶性极好，营养比小麦面粉高。抹上低卡豆腐奶油霜，撒上甘香的茶道级抹茶粉，层层叠加的丰富口感，丝丝入扣，每一口都是幸福。这款配方是我目前最满意的，特别推荐撒上低温烘烤的山核桃一起吃，味道瞬间升华。

材料（可做20层，直径8寸圆形蛋糕）

馅料用豆腐奶油霜

板豆腐	550克
（压重物脱水至425克）	
赤砂糖	60克
枫糖浆	60毫升
岩盐	1/8小匙
寒天粉	1.5小匙
清水	250毫升
米糠油（或味道清淡的植物油）	75毫升
抹茶粉（奥绿）	15克

抹茶薄饼

（可做约24块）

中筋面粉	180克
斯佩尔特面粉或低筋面粉	180克
赤砂糖	100克
米糠油或苦茶油	3大匙
（选择味道清淡的植物油）	
枫糖浆	90毫升
无糖豆浆	1500毫升
盐	1/8小匙
抹茶粉（奥绿）	4小匙

装饰

原味山核桃	80克
岩盐	1/8小匙
枫糖浆	2小匙

山核桃装饰

原味山核桃加入海盐及枫糖浆，搅拌均匀，平铺在烤盘上，送入烤箱 70℃低温烘烤3小时，从烤箱取出放凉，放入保鲜袋用擀面棍敲碎，备用。

抹茶豆腐奶油霜

板豆腐蒸10分钟蒸熟，放在网筛里，压重物1小时或以上，挤出多余的水分，取得约425克的豆腐。

锅中加入清水、赤砂糖、枫糖浆及岩盐，小火煮至糖全部溶化。再加入寒天粉，搅拌至溶化，寒天粉若结块用刮刀推开，确定完全溶化后，加入油，一边搅拌一边加热，煮至沸腾，离火备用。

豆腐放入料理机里，加入步骤2的糖液，搅打至豆腐泥乳化绵密，用保鲜膜紧贴豆腐泥表面，盖好，以防水气滴落，放进冰箱冷藏约2小时。

从冰箱取出豆腐泥，再次放入料理机，筛入抹茶粉，搅打至细滑的奶油状。豆腐奶油霜加入寒天粉增加黏度，寒天粉的凝固点约40℃，搅打后放在常温下2~3小时，会慢慢凝固，流动性降低。应在面皮煎好后，涂抹面皮前再进行搅打。

抹茶薄饼

混合所有湿性食材，豆浆、枫糖浆及油，搅拌均匀。

大碗中，筛入斯佩尔特面粉、中筋面粉、抹茶粉、赤砂糖和盐，搅拌均匀。

在干粉中间挖开一个洞，逐次少量加入无糖豆浆，轻轻搅拌，用刮刀推开结块的面粉，至干粉全部溶化在豆浆里。

用网筛过滤3~4次，充分混合面粉、油脂、豆浆，直至看不到油脂浮起，面糊经过多次过滤后会变得顺滑，静置30分钟至1小时，醒发面糊。

不粘锅无须涂油，进行预热，此步骤非常重要，移动平底锅，边缘的位置也要充分预热，用手感受表面，找出适中的热度，要刚刚好不能过热，每一次面糊下锅前都要搅拌均匀，用大汤匙舀一勺面糊（每勺约60毫升），快速倒入锅里，迅速晃动，使面糊均匀铺满，小火电陶炉600W煎1~2分钟。

锅子预热适中，面糊立刻烫熟，粘在平底锅表面，形成一层均匀的薄面皮，移动平底锅让边缘受热均匀，倒出多余的面糊，面糊越薄，蛋糕口感越柔软。

湿润的表面开始变干，面皮边缘较薄快熟，开始翘起，就可以翻面。刚煎熟的面皮很热，离火放凉一会儿再翻面比较容易操作，也更能保持面皮完整性。面皮稍凉后，整块拿起翻面，怕烫手可以带上隔热手套。

翻面后，小火加热约 30 秒，烘干表面的水汽就可以起锅。为节省时间，可准备两个平底锅，面皮放凉时，用另一锅煎另一块。

倒出面皮，铺平不要折叠，否则放凉后会皱，在网架上放凉，冷却就可以叠起来。重复步骤至用完所有的面糊，约可制作 24 块。

TIPS
若接触锅底的面皮变成褐色，火力可能太大，或加热时间过长，每家炉具的火力、平底锅的薄厚、导热能力有差异，多练习就能掌握。

取一块薄饼，放在盘子上方，剪裁掉边缘不规则的饼皮。

取大平盘，将一层面皮平铺，再抹上一层薄豆腐奶油霜，中心厚边缘薄，可让每层厚度均匀，一层面皮一层豆腐奶油霜，依次将20层面皮堆叠起来，最后一块面皮不用涂奶油霜，刮走蛋糕周边多余的奶油霜。

享用前再在蛋糕表面筛上抹茶粉，抹茶粉会氧化变色，表面撒上敲碎的山核桃，做好立刻享用，现做现吃味道最好。

TIPS
豆腐奶油霜因为寒天粉的特性，不需要冷藏定形。放在室温 1 ~ 2 小时依然柔软。

保质期

　　千层蛋糕若吃不完，放冰箱冷藏会硬一点，保质期约 2 天，豆腐奶油霜若是变酸就不能再食用。

抹茶芝士蛋糕

—— 清新脱俗，仙气十足 ——

以原味腰果为主制作的芝士蛋糕，打至细致顺滑的奶油状，口感和真正的芝士蛋糕很像！甜点的造型和味道一样重要，以竹子模具冷冻成型，以抹茶染出渐层绿加强竹节感，意境唯美，秀色可餐。更重要的是蛋糕不需烤，操作简单，下午茶吃一个，小小的分量即可身心满足。

材料（可做每种口味24个）

芝士蛋糕

原味干燥生腰果	150克
板豆腐	100克
（重压脱水至70克）	
椰浆	65毫升
枫糖浆	4大匙
夏威夷果坚果酱	2大匙
鲜榨柠檬汁	1大匙
无糖豆浆或植物奶	90毫升
天然香草精	1/4小匙

渐层色

深绿色：1/3腰果泥+3小匙抹茶粉（奥绿）+1大匙枫糖浆

浅绿色：1/3腰果泥+1小匙抹茶粉（奥绿）+2小匙豆浆

原色：1/3腰果泥

模具

6连竹子慕斯模具，外模：26厘米×16厘米；单个：直径4.8厘米×5厘米

腰果用冷开水浸泡8小时，夏天要放进冰箱。

板豆腐蒸10分钟蒸熟，放在网筛里，压重物1小时或以上，挤出多余的水分。

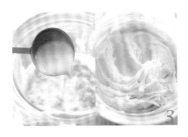

搅拌杯加入腰果、豆腐、椰浆、夏威夷果坚果酱、枫糖浆、无糖豆浆、鲜榨柠檬汁及天然香草精，放入料理机中，打成绵密奶油状的腰果泥。

取1/3奶白色腰果泥放入挤花袋中，填满模具的1/3容量。

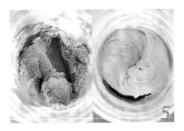

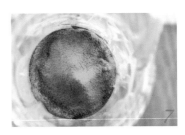

剩下的腰果泥加入1小匙抹茶粉、2小匙豆浆，启动料理机混合成浅绿色腰果泥。

取1/2浅绿色腰果泥放入挤花袋中，填满模具的2/3容量。

剩下的腰果泥加入3小匙抹茶粉及1大匙枫糖浆，启动料理机混合成深绿色腰果泥。

把所有深绿色腰果泥放入挤花袋中，填满模具，抹平，盖上保鲜膜，放入冰箱冷冻约3小时。

从冰箱取出，脱模，室温回温10~15分钟，回软成适合食用的硬度，即可享用。

保质期

冷冻保存约2周。

小建议

　　食谱需要高功率的料理机（果汁机）把腰果打成奶油质感的稠度，若料理机功率不够大，要再延长腰果浸泡的时间，打磨时小心马达过热。

抹茶红豆年糕

—— 古法米磨，软弹有嚼劲 ——

　　当抹茶混合米浆，味道被稀释，品质不好的抹茶粉即使增加分量，茶香不足而涩味有余。美味的抹茶年糕，第一要选对抹茶粉，第二要选对糖。奥绿，沉稳甘香的茶味带着海苔风味，浓郁不苦涩，色泽和香气在加热后仍有很好的表现。赤砂糖则有甘蔗的焦糖香，甜味比白砂糖高，用量不多就足够甜。

搭配自制红豆泥，加入陈皮提升香味。椰浆含有油脂，可增加弹性、延缓淀粉质老化，加少许盐则能提升椰子的鲜味及提升糖的甜味。

材料（可做1个，9.5厘米×9.5厘米×19厘米的长方形吐司模）

纯素

自制红豆泥

红豆	100克
赤砂糖	100克
陈皮	1片
海盐	1/8小匙
清水	400毫升（煮红豆）

年糕

长糯米	250克

粳米（短米／珍珠米）	100克
赤砂糖	150克
（用研磨机磨成糖粉）	
清水	300毫升（打磨米浆）
椰浆	45毫升
海盐	1/8小匙
自制红豆泥	120克
红豆粒	40克
抹茶粉（奥绿）	1大匙

自制红豆泥

1 红豆浸泡过夜后，倒掉泡过的清水。

2 锅中放入红豆、陈皮及清水，中火加热煮沸，转至最小火，捞起浮沫，不用加盖让水分蒸发。若想保留整颗红豆不煮烂，红豆不能翻滚，小火熬煮约30分钟，直到红豆变软，水分减少。

3 拿掉陈皮，舀起2大匙红豆备用。

4 加入赤砂糖及海盐，用手提搅拌机打成红豆泥。

年糕

长糯米及粳米冲洗干净，加入清水（分量适合即可，最后要倒掉），最少浸泡2小时，若时间允许，浸泡过夜最佳。

将米沥干，加入300毫升清水，放入料理机打成米浆。

米浆倒入玻璃容器内，静置48小时，充分沉淀。冬天操作室温15℃以下，不用放入冰箱。糯米浆的淀粉质便会沉淀，清水会浮在表面。

用汤匙小心捞起表面的清水，可捞出约110毫升的清水，取得浓稠绵密的米浆。

赤砂糖用研磨机磨成糖粉。米浆加入椰浆及糖粉，用手动打蛋器搅拌均匀。

取150毫升米浆与100克红豆泥及红豆粒混合成红豆米浆。

剩下约600毫升米浆，混合抹茶粉及盐，搅拌均匀。

吐司模铺上焙烤纸，倒入一半的抹茶米浆，加盖大火蒸10~15分钟。糕体凝固不塌陷就可以倒入红豆米浆，抹平。

红豆米浆因为加入了红豆泥，质感较稠，能支撑抹茶米浆，所以不用蒸，倒入剩下的抹茶米浆。

盖好，约蒸30分钟。取出蒸熟的年糕，连同模具放在网架上放凉，再放入冰箱冷藏2天。将冻硬的年糕从模具取出，撕开焙烤纸，切成厚片，小火煎至表面香脆，里面软糯，即可享用。

TIPS
米浆磨的年糕一受热就会变得很软很黏，放入冰箱冷藏则会变硬，方便脱模。

小建议

蒸熟的时间视年糕的厚度而定，年糕较厚，蒸熟的时间较长。

保质期

年糕放在冰箱里会越来越硬，糕体固定后可以先切厚片，用保鲜膜紧贴包好，冰箱保存约2周。

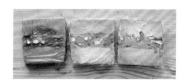

小教室

粳稻碾出的米称为"粳米"，是白米的一个品种。粳米米粒短圆，米质黏性强，口感有弹性。长糯米和粳米混合的配方，弹软有韧劲，不黏牙，清甜甘香。若想再软一点，可以增加糯米的比例。

抹茶草莓大福

—— 红绿搭配，甜蜜幸福的滋味 ——

大福的内馅口味虽然多变，其中包入红豆跟草莓的"草莓大福"是最具代表性的。把传统的红豆馅换成抹茶白豆沙，不但有抹茶的茶香，红配绿的视觉效果更引人注目。

小体会

麻薯中的糯米淀粉容易老化，过夜就会变硬。此配方麻薯可以放两三天仍然柔软，秘密在海藻糖可防止淀粉老化和蛋白质变质，保水能力优越，不但可以为麻薯增添甜味，冷藏时也不容易变硬。海藻糖不会引起美拉德反应，适合制作浅色的食品，纵使高温处理，成品不易变色。

材料（可做8个）

麻薯皮

糯米粉	150克
海藻糖	50克
清水	19克
米糠油	2小匙
玉米淀粉	5克

抹茶白豆沙草莓馅

白腰豆	100克
白色罗汉果代糖	50克
抹茶粉（奥绿）	3小匙
草莓	8颗

抹茶白豆沙草莓馅

白腰豆洗净，放入3倍的清水浸泡，白腰豆的豆皮很硬，放进冰箱浸泡2天。若豆子新鲜，将豆子泡至发芽营养更好。

倒掉浸泡白腰豆的水。将白腰豆放入锅里，倒入新的水，水量淹过豆子约2厘米，开大火加热，直到煮沸。

煮沸后加入200毫升冷水，再次煮沸，继续煮3~4分钟，第一次煮豆会产生很多泡沫，火力控制在水不会溢出。

白腰豆倒在网筛上，倒掉煮过的水，冷水冲洗。

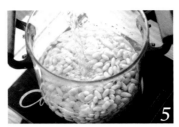

白腰豆放回锅里，加入新的水，水量淹过豆子约2厘米，重复步骤2~4。经过两次过滤和冲洗，就能去除豆子的杂味。

白腰豆放回锅里，加入新的水，水量淹过豆子约2厘米，开大火加热至煮沸，转小火，加盖焖煮40分钟至1小时，煮至豆壳软化，能与豆子轻易分离。

煮熟的白腰豆放在网筛上，用饭勺按压，把豆沙挤出，得到固体豆沙。

将熬煮过豆的豆汁，倒入豆壳碎片，豆汁倒完后再倒入清水，把残留在豆壳的淀粉质冲刷出来，得到液体豆沙。

将液态及固体豆沙一同放进冰箱。液体豆沙沉淀一夜后，出现明显的分层，用汤勺捞掉上面较清澈的水，贴近豆沙的水分很难分离，可在炒豆沙时处理。

将固体及液体豆沙一同放入锅里，加入罗汉果代糖，小火加热，以木铲持续搅拌。

水分持续蒸发，豆沙流动性降低，用木勺舀起来，豆沙不会立即掉下去，便可以起锅。

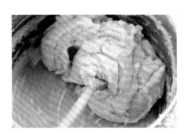

白豆沙的质感较红豆沙硬，冷却后可直接塑形，不需要另外加油或其他淀粉。

 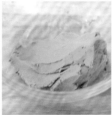 

取200克白豆沙，混合过筛的抹茶粉，分成8份，搓圆。

TIPS
注意避免在豆沙高温的状态下加入抹茶，会使颜色不佳。

取一颗抹茶豆沙，轻压摊开放在手掌上。

草莓尾朝向豆沙，一边用右手拇指和食指挤压馅料，一边收紧左手，将白豆沙向手心揉搓，直至草莓完全被包裹。

麻薯皮

糯米粉加入海藻糖，搅拌均匀，边搅拌边加入清水及1小匙米糠油，搅拌至干粉完全溶化，大火蒸5分钟成麻薯皮。

刚蒸熟的麻薯皮加入1小匙米糠油，刚蒸熟的麻薯皮烫且黏手，避免用手直接接触。戴上隔热手套或用烤焙布趁热揉搓，充分混合麻薯，直至麻薯表面光滑不粘烤焙布。

 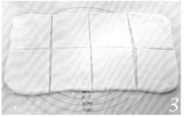 

工作台上铺上烤焙布，均匀撒上玉米淀粉，把揉好麻薯皮放在上面，撒上玉米淀粉，盖上另一块烤焙布，用面棍擀薄成约30厘米×20厘米长方形，用滚刀切割成8个正方形。

用毛刷把皮料表面的玉米淀粉刷掉，放上抹茶白豆沙草莓馅，底部收口，即可享用。

抹茶桂花绿豆糕

—— 品味手工茶点的细腻 ——

在传统冰心绿豆糕的基础配方上，加入桂花茶及抹茶，含在嘴里待其慢慢化开，阵阵桂花香，淡淡抹茶韵，芳香萦绕，经久不散。再来一杯温暖淡香的花茶，更显绵绵可口、清甜不腻。

随着年龄的增长，处事不再心浮气躁，渐渐地多了一份淡然，学会感受岁月静好，有如这朵浮云绿豆糕。

材料

干桂花...................2小匙	枫糖浆...................2大匙
沸水...................500毫升	夏威夷果坚果酱...................2大匙
脱壳绿豆仁...................200克	盐...................拇指蘸一小撮
米糠油...................45毫升	抹茶粉（奥绿）...................3小匙
金黄罗汉果代糖...................35克	抹茶粉（瑞穗）...................2小匙
赤砂糖...................30克	

模具

50克立体祥云手压式家用月饼模，长5.8厘米×3.8厘米

干桂花用沸水冲泡闷10分钟，过滤桂花，取得桂花茶。

绿豆仁用清水洗净，浸泡3小时以上。

将浸泡好的绿豆仁放入电锅煮熟，轻轻一压绿豆即碎，为最佳状态。

TIPS
购买没有壳的绿豆可以节省时间。

混合煮熟的绿豆、糖、盐、桂花茶，放入食物料理机打成细腻的豆沙。

将打好的绿豆沙放入锅中，以中小火翻炒，加入油及夏威夷果坚果酱。

将豆沙拌炒至水分收干可以成团。调整豆沙的湿度是最重要的步骤。

把豆沙均等分成 2 份，取一份加入抹茶粉（奥绿、瑞穗混合），揉成团。

将原味及抹茶绿豆沙，各自分成11份。

分别取一份原味及抹茶绿豆沙，再各自切成3份，颜色相间叠起，再切半。

取一份混色的绿豆沙放入模具，用指尖轻轻压实，从模具背面脱模。

放入冰箱冷藏，口感会更好。

图书在版编目（CIP）数据

抹茶食光：就爱那抹绿 / 肥丁著. —北京：中国
轻工业出版社，2022.10

ISBN 978-7-5184-3902-7

Ⅰ.①抹…　Ⅱ.①肥…　Ⅲ.①甜食—制作　Ⅳ.
①TS972.134

中国版本图书馆CIP数据核字（2022）第037343号

责任编辑：马　妍　武艺雪　责任终审：高惠京　整体设计：锋尚设计
策划编辑：马　妍　　　　　责任校对：宋绿叶　责任监印：张　可

出版发行：中国轻工业出版社（北京东长安街6号，邮编：100740）
印　　刷：鸿博昊天科技有限公司
经　　销：各地新华书店
版　　次：2022年10月第1版第1次印刷
开　　本：787×1092　1/16　印张：10
字　　数：180千字
书　　号：ISBN 978-7-5184-3902-7　定价：68.00元
邮购电话：010-65241695
发行电话：010-85119835　传真：85113293
网　　址：http://www.chlip.com.cn
Email：club@chlip.com.cn
如发现图书残缺请与我社邮购联系调换
210340S1X101ZYW